Volcans & séismes

Cet ouvrage est l'adaptation française de
Insiders Volcanoes & Earthquakes

Première impression : 2007

Directeur Général : John Owen
Président-Directeur Général : Terry Newell
Éditeur : Sheena Coupe
Directeur artistique : Sue Burk
Développement : John Bull, The Book Design Company
Coordination éditoriale : Mike Crowton
Vice-Président, Ventes internationales : Stuart Laurence
Vice-Président, Ventes et développement : Amy Kaneko
Vice-Président, Ventes Asie et Amérique latine : Dawn Low
Administrateur, Ventes internationales : Kristine Ravn

Éditeur du projet : Lachlan McLaine
Designers : Helen Woodward, Flow Design & Communications

Édition française

Traduction : Claire Lefebvre
Lecture-révision : Edith Zha
ISBN : 978-2-03-587031-5
308467-05/11041545 - mars 2019
Dépôt légal : mars 2012

Reproduction des couleurs par Chroma Graphics (Overseas) Pte Ltd
Imprimé en Chine par Toppan Leefung Printing Ltd

À la loupe

Volcans & séismes

Ken Rubin

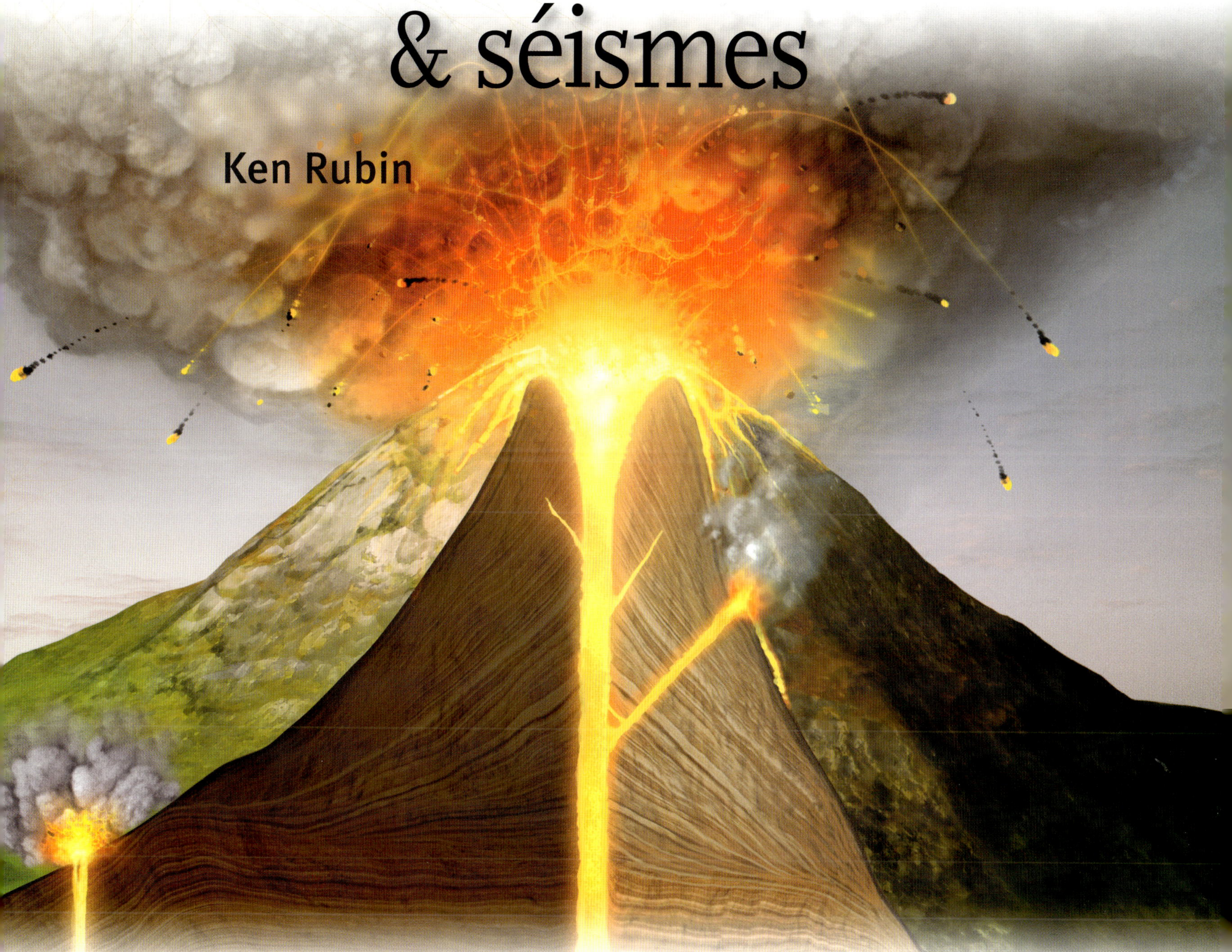

LAROUSSE
JEUNESSE

Sommaire

Panorama

Du feu sous la surface

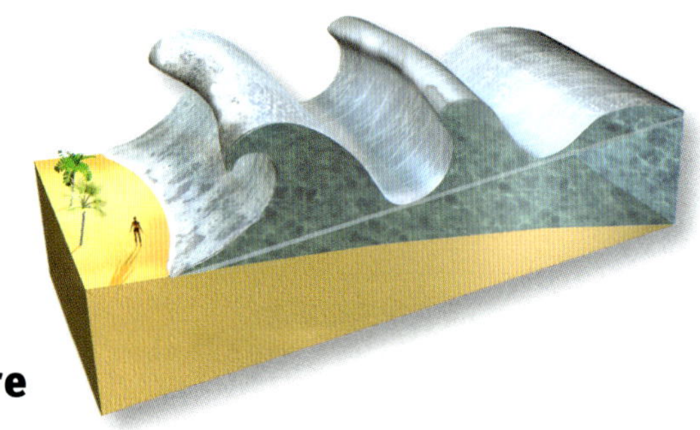

Dans les entrailles de la Terre

Un sol instable

Zoom sur

Une planète active

Rien ne nous semble plus solide que le sol sous nos pieds et plus immuable que les montagnes et les océans. Pourtant, notre planète, jamais inerte, est en perpétuel mouvement. Entre la fine croûte de sa surface et son noyau ferreux se trouve le manteau, une zone très chaude constituée en partie de roche en fusion, et animée de courants lents. Ces mouvements entraînent de gigantesques morceaux d'écorce, les plaques tectoniques, et se manifestent sous forme de séismes. Des volcans projetant de la roche en fusion apparaissent dans les zones où les plaques se chevauchent ou s'écartent, là où se forme une nouvelle croûte.

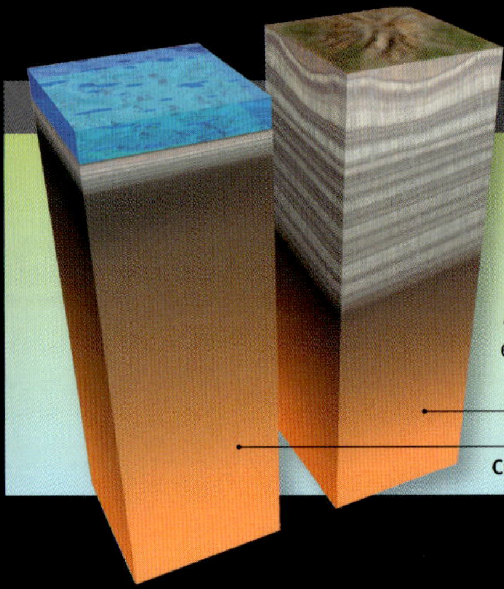

LA CROÛTE TERRESTRE

Elle est surtout composée de granit et de basalte, deux types de roches volcaniques. La croûte océanique a une épaisseur moyenne de 8 km, alors que la croûte continentale est huit fois plus épaisse.

L'histoire de la Terre
À sa naissance, il y a environ 4,6 milliards d'années, la Terre était une fournaise agitée et infernale. Puis elle s'est progressivement refroidie jusqu'à devenir le berceau de la vie.

La Terre s'est formée sous l'effet de la gravité par l'agglomération de poussières et de gaz en rotation autour du jeune Soleil.

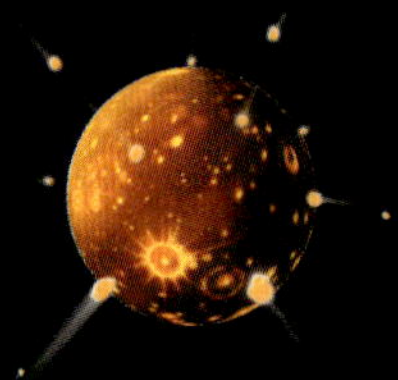

Peu après sa formation, la Terre a été percutée par une petite planète. Par chance, l'impact n'a pas été assez violent pour la détruire.

Les débris de cet énorme impact se sont accumulés dans l'orbite terrestre et ont engendré la Lune.

Lors de son refroidissement, une croûte s'est constituée à la surface de la Terre. Volcans et comètes apportèrent de l'eau dans l'atmosphère, permettant la formation des océans.

Des entrailles en fusion

Rapidement, le globe terrestre s'est divisé en couches : un noyau riche en fer, enfermé dans un manteau rocheux entouré d'une atmosphère gazeuse chaude. Puis une croûte s'est formée et l'eau s'est condensée pour donner les océans. Dans un mouvement appelé convection, les matériaux chauds du manteau se sont mis à remonter lentement vers la surface tandis que les plus froids s'enfonçaient.

La « dérive des continents »
Les croûtes océanique et continentale (avec la couche la plus externe du manteau) forment l'écorce rocheuse de la Terre, que l'on appelle aussi lithosphère. La lithosphère est divisée en de nombreuses plaques qui dérivent à la surface de la planète en glissant sur les couches en fusion du manteau. Ces mouvements se manifestent parfois par des tremblements de terre. Dans les zones où les plaques se rapprochent ou s'écartent, des volcans se forment. La subduction est l'enfoncement d'une plaque sous une autre.

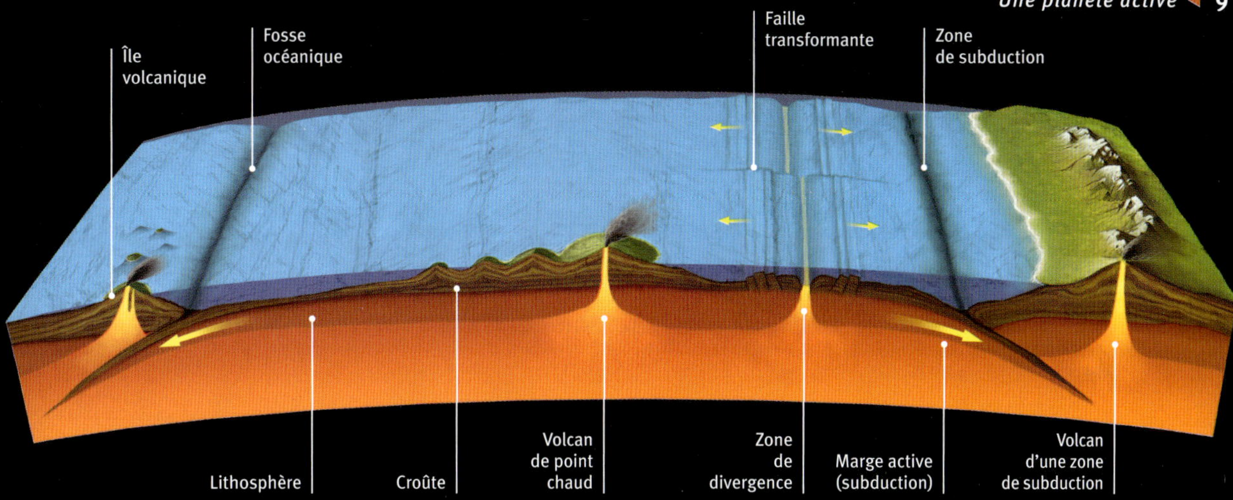

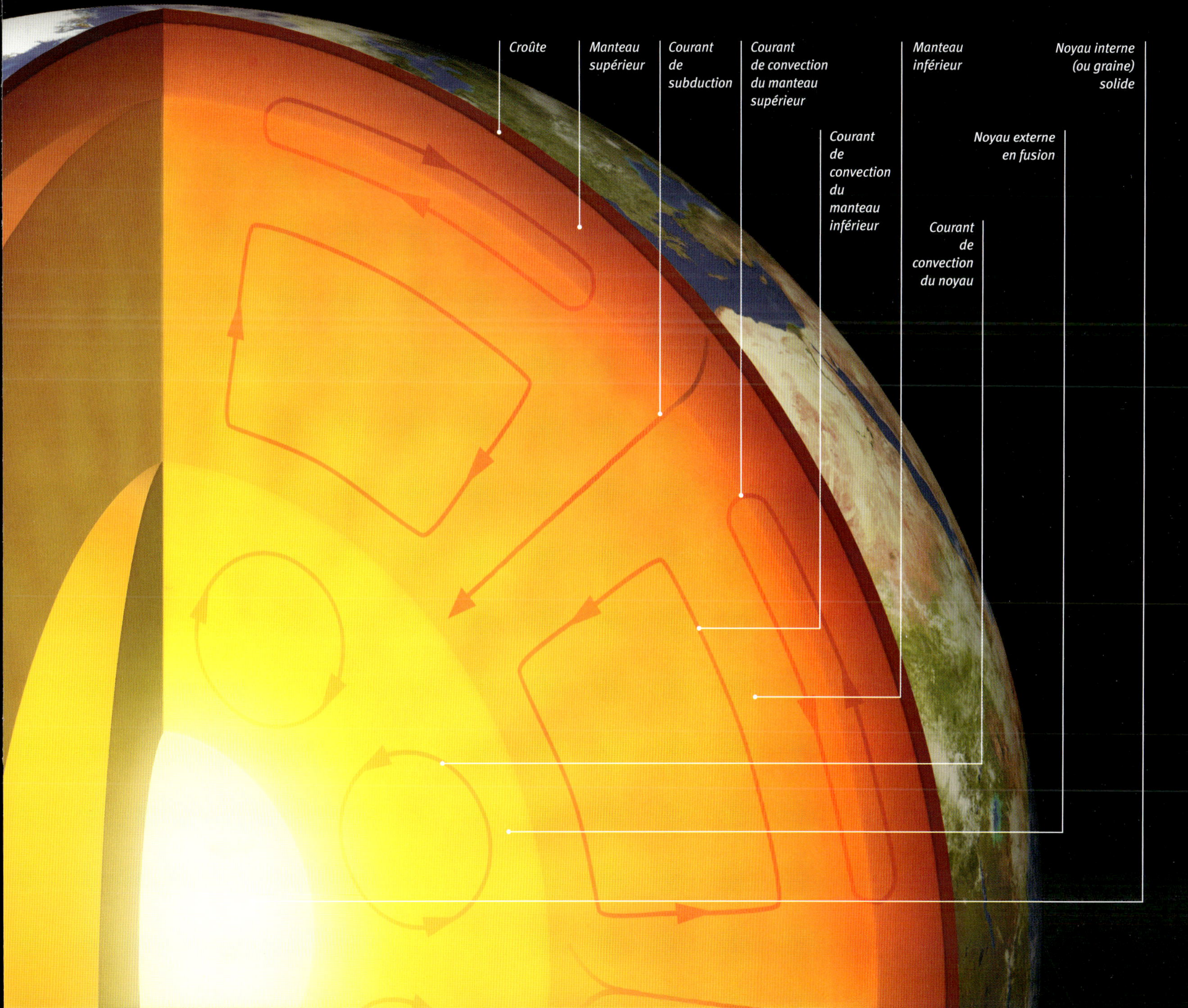

L'expansion des océans

Au fond des océans, dans les zones de friction entre les plaques tectoniques, s'étendent de grandes chaînes montagneuses nommées dorsales océaniques. Là, par remontée de magma (roche en fusion), une nouvelle croûte est créée. Quand le magma s'étale rapidement, il forme des monts (ou coussins) larges et arrondis. Mais si la vitesse d'expansion est faible, le sommet de la dorsale présente une vallée d'effondrement, ou rift. Ces reliefs sous-marins n'ont été révélés que dans les années 1920. Aujourd'hui, les scientifiques qui les ont vus ont découvert un monde sombre et irréel, peuplé d'étranges formes de vie, et émaillé de cheminées parfois hautes de 15 étages crachant des eaux chaudes chargées en minéraux.

Une fournaise dans les abysses

Cette illustration montre un rift au sommet d'une dorsale océanique. L'activité volcanique se concentre le long d'une zone de un kilomètre au centre de la vallée. Le magma remonte périodiquement par les fissures tapissant le fond, tandis que les cheminées minérales, ou fumeurs noirs, peuvent rester actives durant des dizaines d'années, voire des siècles.

Naissance d'un océan
La mer Rouge (vue ici depuis l'espace) sépare les plaques arabique et africaine. L'Arabie s'éloigne de l'Afrique en ouvrant la croûte terrestre à la vitesse moyenne de 15 mm par an. Le fond océanique volcanique s'étend et engendre lentement un nouvel océan.

En terrasses *Les failles et les remontées de magma créent des marches géantes le long des parois des rifts.*

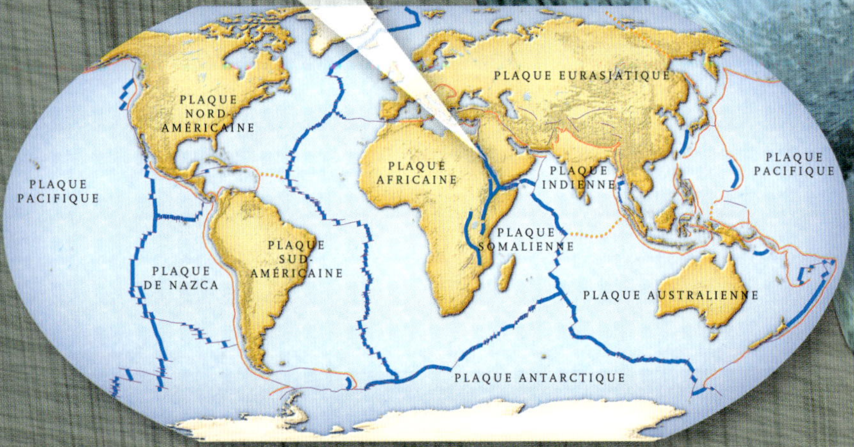

Carte des dorsales océaniques
Les dorsales océaniques courent à travers tous les océans du globe. La croûte terrestre se trouve ainsi fragmentée en quatorze plaques lithosphériques majeures et une quarantaine de plaques mineures. Celles du Pacifique s'écartent rapidement tandis que celles des océans Arctique et Indien dérivent plus lentement. En moyenne, les plaques se déplacent de 6 cm par an.

La formation de la croûte terrestre

Il y a 230 millions d'années, tous les continents formaient un supercontinent, la Pangée. Au cours du temps, la Pangée se fragmenta sous l'effet des remontées magmatiques, ouvrant de nouveaux océans. Ce processus se déroule encore dans certaines zones de l'est de l'Afrique.

Les courants de convection du manteau fracturent et écartent la croûte terrestre, entraînant l'effondrement d'une vaste zone rocheuse et la formation d'une large vallée entre deux escarpements.

Si le niveau du bloc rocheux effondré se trouve sous celui de la mer, l'eau afflue et remplie la vallée. Un plancher océanique se forme, écartant progressivement les masses de terre.

L'océan continue de grandir au fur et à mesure des remontées de magma. Le plancher se stabilise et s'enfonce. Les hautes falaises de part et d'autre du rift se retrouvent exposées.

Coulées de lave *De récentes éruptions ont formé des coussins de lave noire. Ces nouvelles coulées ont recouvert le vieux plancher océanique tapissé de sédiments.*

L'exploration des abysses *Les scientifiques explorent les dorsales océaniques grâce à de petits submersibles ou à des robots télécommandés (ROV).*

Une faille gigantesque *Les courants de convection du manteau terrestre sont à l'origine du réseau des dorsales océaniques et des remontées magmatiques.*

LES FUMEURS NOIRS

Des cheminées hydrothermales crachent des eaux chaudes et noires, riches en minéraux, qui nourrissent des colonies de bactéries microscopiques. Ces colonies constituent la base d'un écosystème prospère de vers tubicoles, de crabes aveugles et autres créatures étranges. Contrairement aux formes de vie terrestres, ces animaux ne dépendent pas de l'énergie solaire pour leur survie.

De l'eau froide s'infiltre dans les fissures.

De l'eau très chaude est rejetée par les cheminées.

La tectonique des plaques

Les hautes chaînes montagneuses terrestres et les dorsales océaniques sont des zones de collisions tectoniques. On appelle zone de subduction l'endroit où une plaque océanique s'enfonce sous une autre. L'ancienne croûte est détruite et retourne dans le manteau, entraînant des sédiments et de l'eau de mer. Les forces incroyables engendrées par ce phénomène de tapis roulant liquéfient la roche. Les zones de subduction abritent donc les volcans les plus destructeurs de la planète. La croûte continentale n'est pas assez dense pour s'enfoncer dans le manteau. Aussi, la convergence de deux plaques continentales fracture, plie et soulève la croûte, donnant naissance à de grandes chaînes montagneuses. C'est ainsi que l'Himalaya et les Alpes se sont formés.

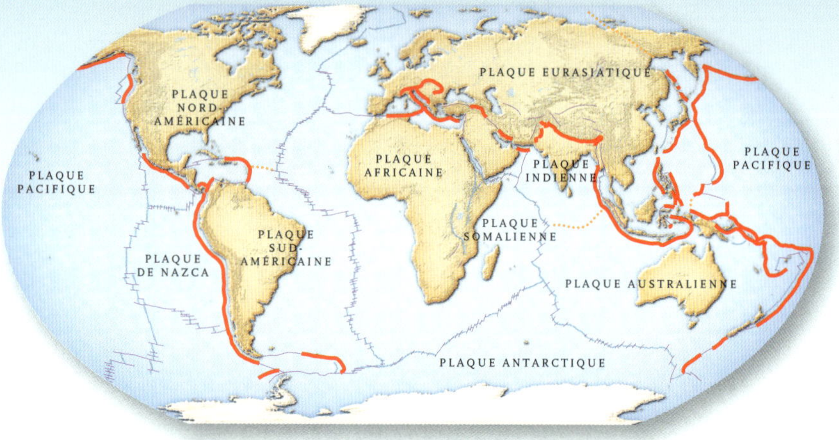

Carte des plaques tectoniques
La plupart des zones de collision (représentées en rouge) forment une ceinture à travers l'océan Pacifique, et de l'Australie à l'Europe, en suivant les contours d'un ancien océan appelé Téthys.

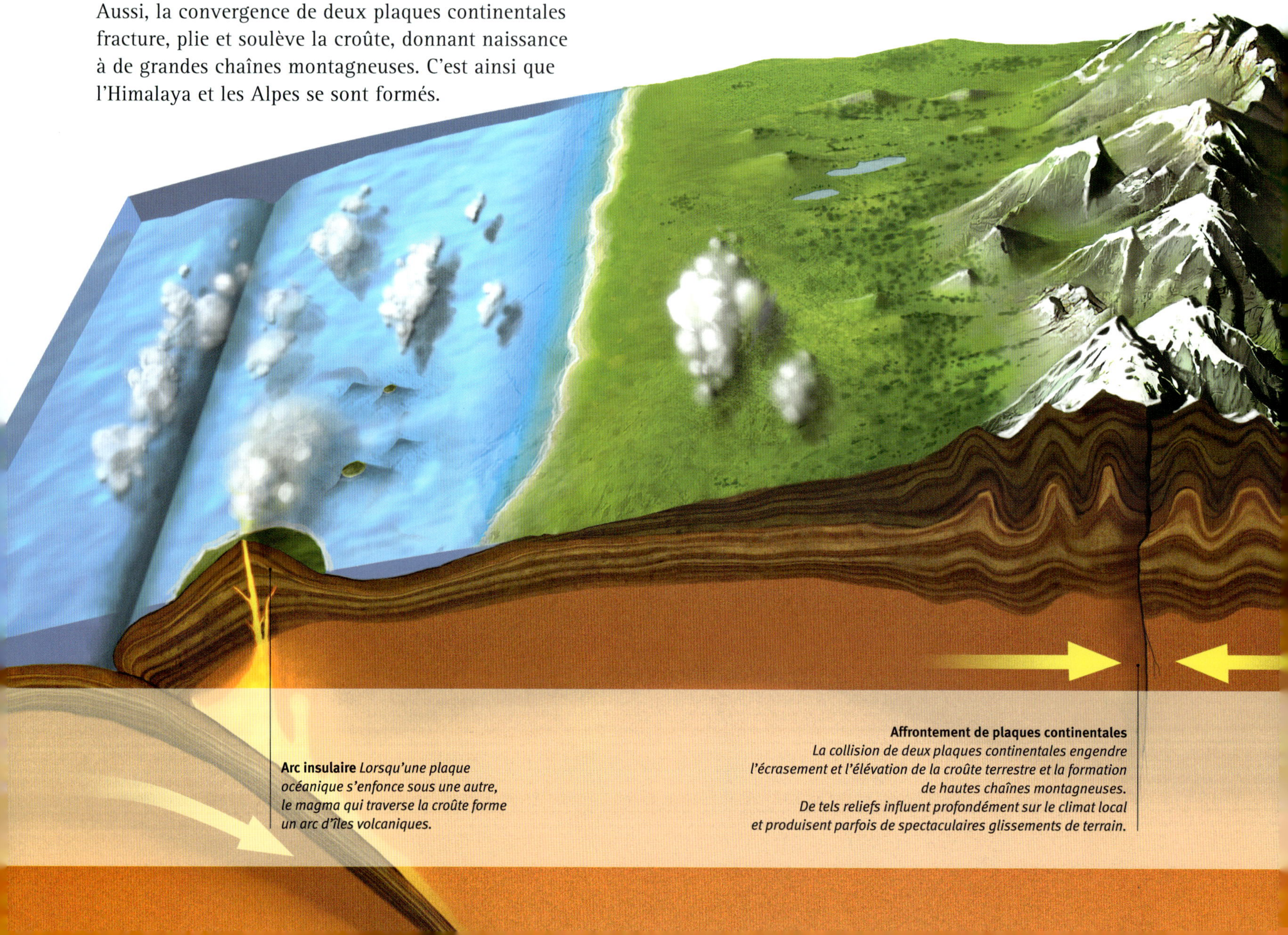

Arc insulaire *Lorsqu'une plaque océanique s'enfonce sous une autre, le magma qui traverse la croûte forme un arc d'îles volcaniques.*

Affrontement de plaques continentales
La collision de deux plaques continentales engendre l'écrasement et l'élévation de la croûte terrestre et la formation de hautes chaînes montagneuses. De tels reliefs influent profondément sur le climat local et produisent parfois de spectaculaires glissements de terrain.

LA NAISSANCE DE L'HIMALAYA

L'Himalaya, la chaîne de montagnes la plus récente et la plus haute du monde, fut engendré par la lente mais cataclysmique collision entre le sous-continent Indien et l'Asie.

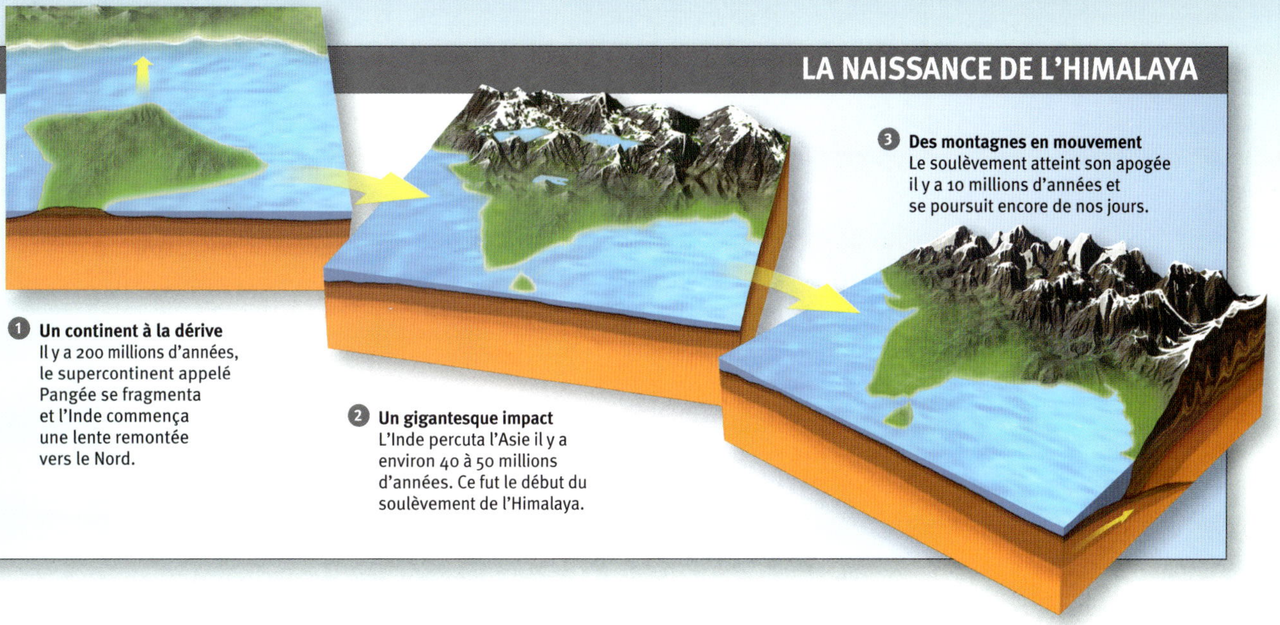

❶ **Un continent à la dérive** Il y a 200 millions d'années, le supercontinent appelé Pangée se fragmenta et l'Inde commença une lente remontée vers le Nord.

❷ **Un gigantesque impact** L'Inde percuta l'Asie il y a environ 40 à 50 millions d'années. Ce fut le début du soulèvement de l'Himalaya.

❸ **Des montagnes en mouvement** Le soulèvement atteint son apogée il y a 10 millions d'années et se poursuit encore de nos jours.

Montagnes et failles

Les forces mises en œuvre lors des collisions tectoniques sont colossales. Aucun autre phénomène géologique n'a le pouvoir de remodeler les paysages de façon aussi spectaculaire.

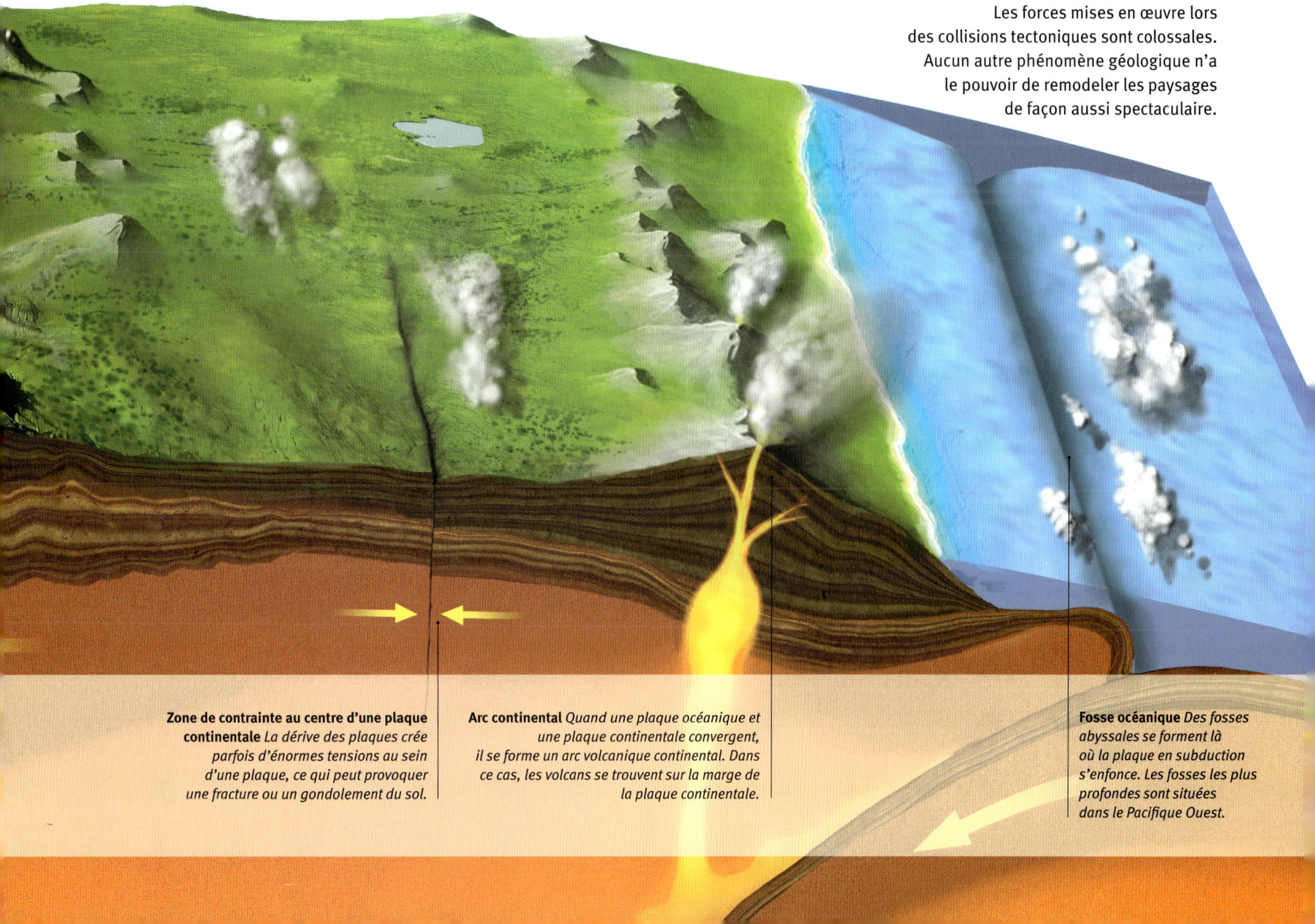

Zone de contrainte au centre d'une plaque continentale *La dérive des plaques crée parfois d'énormes tensions au sein d'une plaque, ce qui peut provoquer une fracture ou un gondolement du sol.*

Arc continental *Quand une plaque océanique et une plaque continentale convergent, il se forme un arc volcanique continental. Dans ce cas, les volcans se trouvent sur la marge de la plaque continentale.*

Fosse océanique *Des fosses abyssales se forment là où la plaque en subduction s'enfonce. Les fosses les plus profondes sont situées dans le Pacifique Ouest.*

Les points chauds

Certains des plus beaux volcans du monde et certaines des coulées de lave les plus grandioses se trouvent au-dessus d'un point chaud, c'est-à-dire une remontée fixe de magma qui perce la lithosphère comme un chalumeau. La plupart des volcans de points chauds apparaissent au cœur, et non en bordure, d'une plaque tectonique, et se dressent comme des colosses, surplombant les paysages environnants. En effet, les points chauds restent fixes tandis que les plaques dérivent au-dessus. Au cours des millénaires, ce mouvement donne naissance à une ligne de volcans. On trouve des volcans de points chauds à la fois au-dessus de la croûte océanique (les îles Hawaii) et de la croûte continentale (le Yellowstone, aux États-Unis).

Le point chaud d'Hawaii
Cette photographie des îles Hawaii prise de l'espace met en évidence l'action du point chaud et le déplacement de la plaque. La remontée du magma est visible dans le coin droit de la plus grande île. Les autres îles se sont formées au même endroit, mais ont lentement dérivé en direction du nord-ouest avec la plaque pacifique.

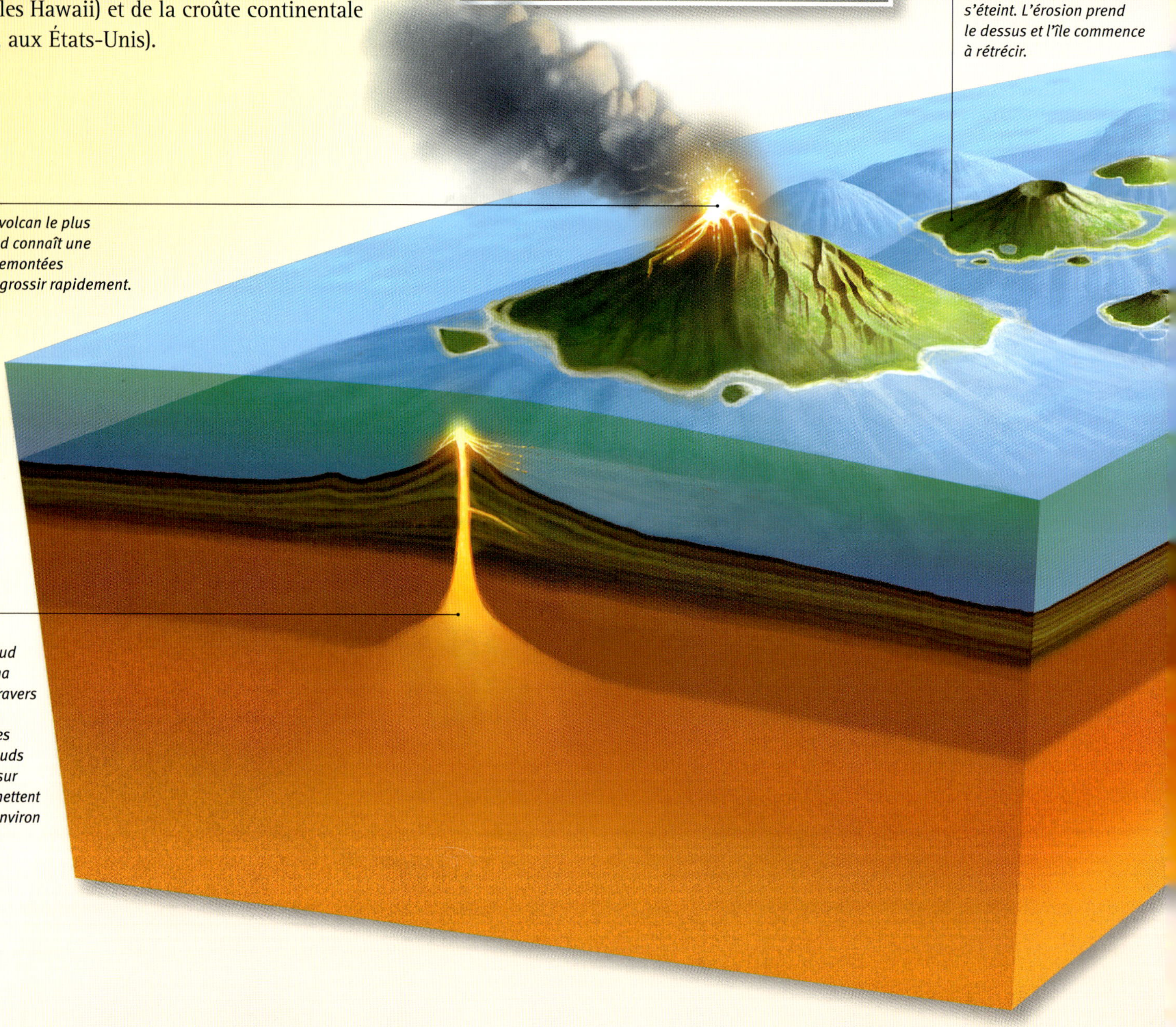

Les points chauds océaniques

Des volcans naissent, grandissent et meurent au gré de la dérive d'une plaque lithosphérique au-dessus d'un point chaud. Un seul point chaud peut approvisionner en magma plusieurs volcans à la fois. La combinaison d'une source magmatique fixe et d'une plaque en mouvement produit une chaîne de volcans, qui vieillissent progressivement dans la direction du déplacement.

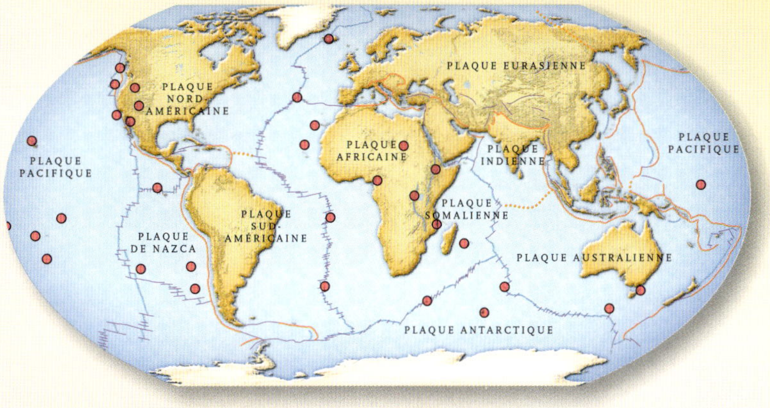

Cartes des points chauds
Les points chauds semblent répartis de façon aléatoire autour du globe, à la fois sous les océans et sous les continents. Bien que largement distribués, comme les volcans, leur niveau d'activité est très variable. À l'avenir, certains, endormis, pourraient bien se réveiller.

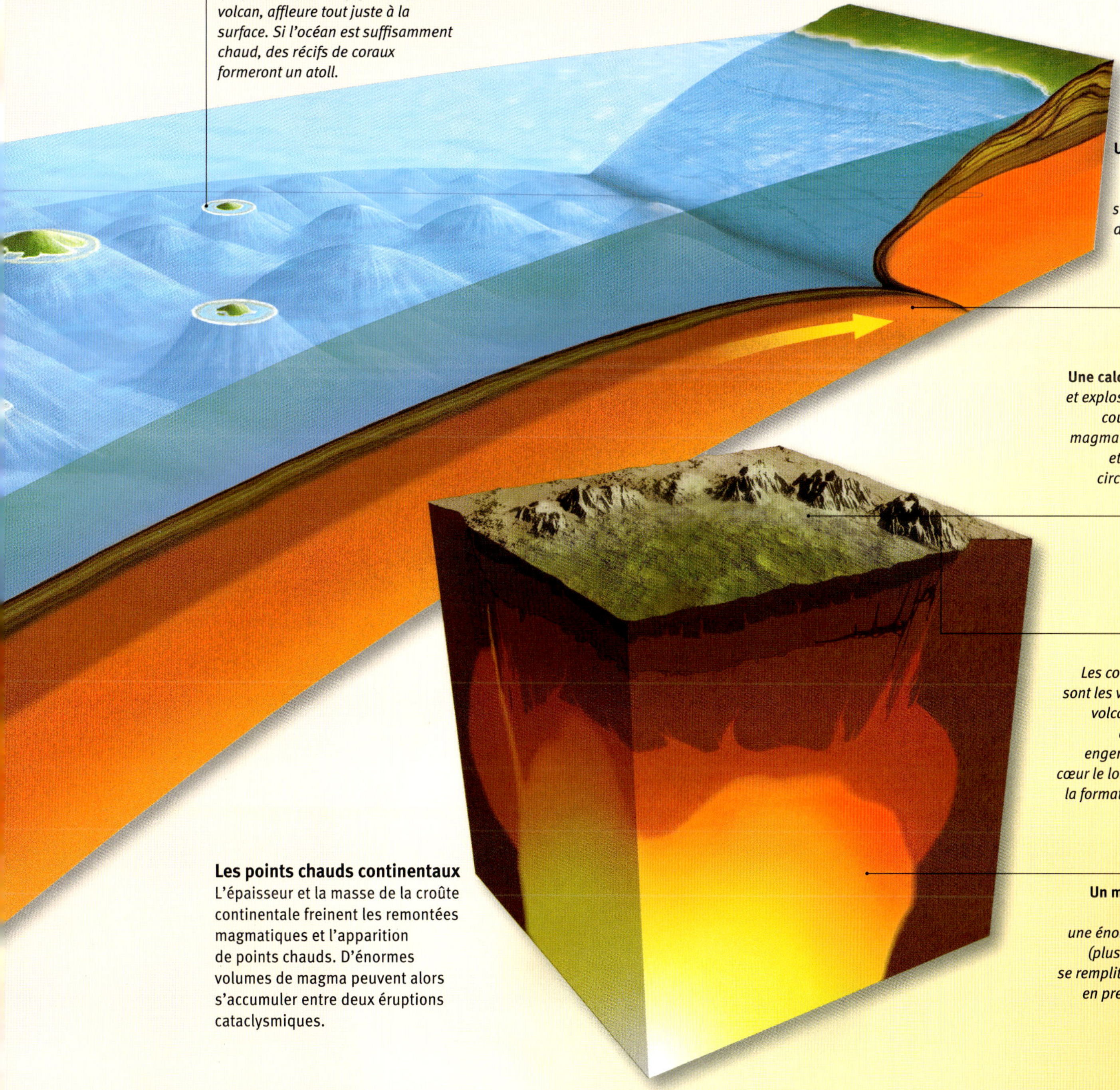

Disparition d'une île *Des millions d'années plus tard et à des centaines de kilomètres du point chaud, l'île, qui fut autrefois un gigantesque volcan, affleure tout juste à la surface. Si l'océan est suffisamment chaud, des récifs de coraux formeront un atoll.*

Un enfoncement inexorable *Lentement mais sûrement, la plaque en subduction s'enfonce dans les profondeurs du manteau, entraînant dans son sillage les vestiges des anciens volcans du point chaud.*

Une caldeira *Une éruption intense et explosive peut drainer d'un seul coup une grande quantité du magma accumulé sous un volcan, et créer un immense cratère circulaire appelé une caldeira (qui signifie chaudron).*

Faille et relief circulaires *Les collines entourant la caldeira sont les vestiges du dôme du grand volcan qui se dressait autrefois à cet endroit. L'explosion a engendré l'effondrement de son cœur le long d'une faille circulaire et la formation d'un immense cratère.*

Un monstre assoupi *Entre deux éruptions cataclysmiques, une énorme chambre magmatique (plus vaste qu'une grande ville) se remplit dans la croûte. La montée en pression finira par engendrer une autre explosion.*

Les points chauds continentaux

L'épaisseur et la masse de la croûte continentale freinent les remontées magmatiques et l'apparition de points chauds. D'énormes volumes de magma peuvent alors s'accumuler entre deux éruptions cataclysmiques.

Les plus hauts volcans par continent

Bien que certains sommets culminent plus haut, le Mauna Kea d'Hawaii est la plus grande montagne de la planète. Depuis le plancher océanique sur lequel il repose, le Mauna Kea atteint en effet la hauteur absolue de 10 208 m environ.

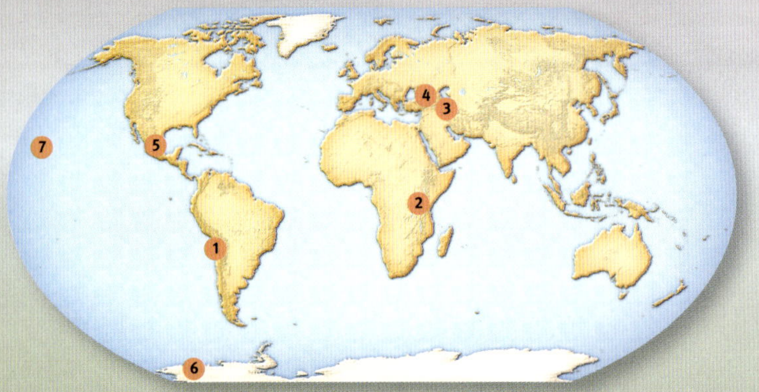

1. Nevado Ojos del Salado, Amérique du Sud, 6 908 m
2. Kilimandjaro, Afrique 5 895 m
3. Mont Damavand, Asie 5 671 m
4. Elbrous, Europe 5 642 m
5. Pic d'Orizaba, Amérique du Nord 5 675 m
6. Mont Sidley, Antarctique 4 181 m
7. Mauna Kea, Hawaii 4 208 m au-dessus du niveau de la mer 6 000 m environ sous le niveau de la mer

Anatomie d'un volcan

La chaleur intense qui règne à l'intérieur de la Terre fait fondre la roche et la transforme en un liquide épais, appelé magma, qui remonte et se trouve piégé dans d'énormes chambres souterraines. Là, de petits cristaux apparaissent tandis que l'eau et les gaz se séparent en formant des bulles. Lorsque la pression devient trop élevée, le magma et les gaz se frayent un passage à travers les fissures de la croûte et se déversent en surface sous forme de laves ou de cendres volcaniques. Au cours d'une éruption, des nuages de vapeur, de gaz et de poussières sont projetés dans le ciel, ainsi que des nuées ardentes de cendres, de fragments de roche et de lave.

Conduit principal *La cheminée principale, ou conduit central, s'élève depuis la chambre magmatique. Le magma et les gaz sont expulsés par la cheminée principale sous forme de laves et de cendres volcaniques.*

Cheminée éruptive *Le magma se fraye un chemin à travers la croûte par un conduit d'alimentation vertical ou presque vertical. Lorsqu'il se répand en surface sous forme de lave, il peut créer un cône volcanique. Le magma qui se refroidit à l'intérieur d'un conduit et le « fossilise » est appelé un neck.*

Éruption fissurale *Ce type d'éruption se produit par une suite de fissures alignées le long d'une faille ouverte entre deux plaques divergentes. Les éruptions fissurales peuvent s'étendre sur des kilomètres.*

Au cœur d'un volcan

Le cône volcanique de roche solide renferme une chambre magmatique d'où partent des conduits remplis de magma en fusion. Pour déterminer la nature d'un volcan, les volcanologues étudient sa sismographie, les déformations du sol et la composition minérale de ses laves.

Les formes des volcans

Les volcans sont classés selon les types de roches qui les composent, leur forme et l'histoire de leur activité. Les conditions climatiques régnant durant les éruptions influent aussi sur la forme du volcan.

Volcan en dôme Des éruptions explosives, de puissance moyenne, érigent un dôme de cendres volcaniques autour d'un cratère principal. Les éruptions qui forment ce type de cône de cendres s'achèvent parfois en émissions de laves comblant le cratère.

Volcan composite et strato-volcan De multiples éruptions alternant laves et cendres érigent des volcans élevés aux pentes raides. Ils offrent une magnifique silhouette conique.

Volcan bouclier Ces gros édifices, larges et étalés, sont entièrement constitués de laves qui s'écoulent d'un cratère central et par des conduits rayonnant à partir du conduit central. Ils naissent d'une éruption unique ou de milliers d'éruptions successives.

Volcan fissural Ce type de volcan se produit le long d'une faille ouverte par deux plaques s'éloignant l'une de l'autre, et par laquelle le magma remonte. L'alternance des éruptions et l'étalement de la roche de part et d'autre de la fissure engendrent un volcan de rift.

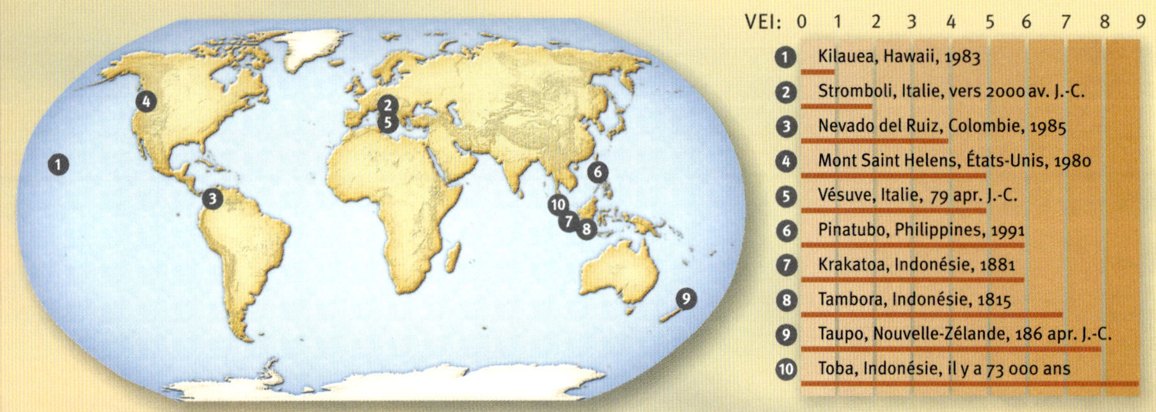

L'indice d'explosivité volcanique

L'indice d'explosivité volcanique (VEI) est une échelle utilisée pour établir la mesure et la puissance des éruptions. C'est une échelle logarithmique ouverte allant de 0 à 8, c'est-à-dire qu'un accroissement de magnitude 1 correspond à une libération d'énergie dix fois supérieure. Cette carte indique les lieux et VEI de quelques éruptions célèbres.

Les types d'éruptions

Les volcans entrent en éruption de différentes manières et éjectent une combinaison de gaz, de laves et de fragments de lave incandescente et de roche pulvérisée. Les éruptions se font à partir d'une cheminée centrale, de conduits secondaires, ou encore de fissures. Le type de l'éruption dépend de nombreux facteurs : la façon dont le magma s'est accumulé dans le réservoir magmatique, sa température et sa composition, la présence ou l'absence d'eau (volcans océaniques ou lacustres). Les volcanologues reconnaissent deux types d'activité volcanique : effusive, quand la lave s'écoule simplement du volcan ; et explosive, lorsque qu'un énorme nuage de matériaux est violemment éjecté dans les airs et retombe finalement au sol.

Éruption plinienne (explosive)
Ce type d'éruption doit son nom au Romain Pline le Jeune, qui décrivit l'éruption du Vésuve en 79 apr. J.-C et assista à la destruction de Pompéi. Une éruption plinienne se caractérise par un magma visqueux et de violentes explosions. Elle peut éjecter des matériaux à 45 km de hauteur et les disperser dans une vaste zone. Il existe aussi un type ultra-plinien, très rare mais encore plus violent.

LA MESURE DU VOLUME ÉJECTÉ

Le volume de matériaux éjecté par un volcan est un bon indicateur de sa puissance, mais il est cependant très variable. Les éjecta peuvent avoir la taille d'une maison ou bien être dix millions de fois plus importants.

2 800 km³ Toba VEI : 9	100 km³ Taupo VEI : 8	80 km³ Tambora VEI : 7	18 km³ Krakatoa VEI : 6	10 km³ Pinatubo VEI : 6	3 km³ Vésuve VEI : 5	1 km³ Mont Saint Helens VEI : 5

En activité

Les scientifiques ont baptisé de nombreux types d'éruptions d'après les caractéristiques de volcans célèbres. Cependant, chaque éruption est différente et un même volcan peut produire différents types d'éruptions au cours de ses périodes d'activités.

Éruption hawaïenne (effusive)
Tirant son nom des îles Hawaii, elle se caractérise par des laves très fluides qui créent parfois des lacs temporaires. Riches en gaz lors de leur émission, les laves engendrent aussi des fontaines de feu pouvant atteindre 1 km de haut. Ce type d'éruption, peu dangereux car sans risque d'explosion, peut cependant occasionner de grands dégâts.

Éruption strombolienne (effusive)
Ce type d'éruption doit son nom au volcan italien Stromboli. Il émet des laves moyennement fluides et projette des panaches de cendres et de roches incandescentes jusqu'à 200 m de haut, qui retombent à proximité du cratère.

Éruption vulcanienne (explosive)
Ce type d'éruption doit son nom au volcan italien Vulcano, situé sur une île au nord de la Sicile. Les volumes éjectés sont faibles, mais les cendres peuvent être projetées jusqu'à 20 km de haut.

Éruption péléenne (explosive)
Semblable aux éruptions vulcaniennes et pliniennes, ce type d'éruption tient son nom de la montagne Pelée, sur l'île de la Martinique. Il produit des panaches volcaniques et des nuées ardentes : d'énormes coulées de gaz, de fragments de roche et de lave dévalent les pentes à grande vitesse.

Éruption surtseyenne (sous-marine ou sous-lacustre)
L'île de Surtsey, qui surgit en 1963 au large des côtes de l'Islande, légua son nom à ce type d'éruption se déroulant sous l'eau, généralement à faible profondeur. L'interaction entre une grande quantité d'eau et la chaleur du magma érige un cône de fragments de roche. Si l'activité se prolonge et que l'île émerge, le cratère se trouve hors de l'eau et les éruptions suivantes deviennent alors moins violentes.

Laves et cendres

S'il n'existe pas deux éruptions semblables, toutes émettent cependant des matériaux brûlants à la surface par une ou plusieurs cheminées reliées à la chambre magmatique du volcan. Les éjecta sont composés de laves, de gaz, de cendres et de blocs de lave solidifiée, appelés bombes. Certaines éruptions érigent des cônes massifs de lave ou de pyroclastes autour de leur cheminée, tandis que d'autres éjectent des matériaux au loin. Même lorsqu'il n'est pas en éruption, un volcan peut dégager de grandes quantités de gaz par de petites ouvertures appelées fumerolles, ou entretenir des sources gargouillantes d'eau bouillante.

Les panaches de cendres
Les hauts panaches de cendres volcaniques s'élèvent parfois jusqu'à la stratosphère. Les vents dominants les entraînent alors sur de grandes distances.

FORMATION D'UN TUNNEL DE LAVE

La lave voyage parfois à travers des tunnels proches de la surface, qui se transforment en grottes tubulaires lorsque le flot s'épuise.

1. Une rivière de lave incandescente dévale le flanc d'un volcan.
2. Au fil du temps, la coulée commence à refroidir en périphérie et à former une croûte, forçant le flot à se concentrer au centre.
3. La surface entière de la coulée finit par durcir, édifiant un tunnel. La lave, isolée de l'extérieur, ne refroidit plus et peut continuer de s'écouler sur de grandes distances.
4. À la fin de l'éruption, le flot de lave se tarit, laissant un tunnel de lave solidifiée. Ces tubes sont parfois plus vastes qu'un tunnel ferroviaire.

Le déroulement d'une éruption

Un volcan en éruption est un spectacle grandiose et magnifique à condition d'être hors de danger pour le regarder. En raison de son imprévisibilité, une éruption volcanique peut toujours se révéler extrêmement dangereuse et destructrice. Cette illustration montre plusieurs types d'éruptions et de matériaux volcaniques. Cependant, dans la réalité, une telle variété de phénomènes ne se produirait jamais simultanément sur un même volcan.

Feux d'artifice *Au début d'une éruption, la lave très chaude et très fluide arrivant en surface est saturée de gaz. Elle explose et jaillit alors comme si elle sortait d'une bouteille de champagne secouée. La lave incandescente peut monter à 200 m et former une fontaine de feu en forme d'arc.*

Nuée ardente, ou coulée pyroclastique *C'est un phénomène dévastateur semblable à une avalanche, qui dévale très vite le long d'un volcan. Une coulée se compose d'un mélange de gaz brûlant et de débris volcaniques dont la composition est variable d'un volcan à l'autre.*

Coulée pahoehoe *Ce terme, tiré de l'hawaïen ancien (littéralement : « que l'on peut parcourir pieds nus »), désigne une coulée de lave fluide ou légèrement sinueuse, semblable à des boucles de corde.*

Pluies de cendres

En 1995, après un sommeil de plusieurs siècles, le volcan de la Soufrière, sur l'île de Montserrat, dans les Caraïbes, se réveilla. Il cracha des panaches de cendres volcaniques. Plymouth, la capitale, fut ensevelie sous les cendres et les coulées pyroclastiques. La dernière éruption date de 2006.

Les paysages
volcaniques

Depuis la naissance de la Terre, les volcans ont contribué à sculpter les paysages et le relief, créant de spectaculaires montagnes, des cratères, des plateaux, des collines ondulantes et des terres fertiles. Il est facile d'identifier un volcan en éruption, ou quand il est en sommeil ou éteint depuis peu grâce à sa forme caractéristique ou à ses dépôts. Mais l'activité volcanique continue à marquer les paysages pendant des centaines de millions d'années après la fin des éruptions. Les indices sont alors souvent subtils, et il faut l'œil aguerri d'un géologue pour les distinguer.

Volcan en sommeil *Entre deux éruptions, certains volcans peuvent demeurer inactifs pendant des siècles, permettant à la vie animale et végétale ainsi qu'aux populations de se développer et de prospérer sur la terre fertile de ses flancs. Les volcans qui se réveillent d'une façon brutale et imprévisible sont les plus dangereux.*

Île volcanique *Les volcans sous-marins donnent parfois naissance à des îles. Un volcan qui a arrêté de grandir avant d'atteindre la surface est appelé un mont sous-marin.*

À l'ombre d'un volcan *Les sols volcaniques sont généralement riches et, en dépit d'une menace constante, les régions proches des volcans sont souvent très peuplées.*

Une terre engendrée par le feu

Ce paysage imaginaire présente des caractéristiques volcaniques que l'on retrouve dans le monde entier.

Formation d'une caldeira

La formation d'une caldeira est souvent le stade intermédiaire entre plusieurs éruptions successives. Des millions d'années après l'extinction du volcan, une caldeira peut toujours être identifiable.

D'importantes éruptions libèrent d'énormes volumes de magma contenus dans la chambre souterraine.

La chambre magmatique peut se vidanger partiellement, créant un vide sous le volcan.

Sous son propre poids, le volcan s'effondre à l'intérieur de la chambre, suivant un arc de fissures. Il donne naissance à une caldeira.

Caldeira *Du magma et des gaz s'accumulent dans une vaste chambre sous le volcan. Lorsqu'ils sont expulsés, ils laissent une grande cavité qui, si elle s'effondre, forme un cratère appelé caldeira. Une caldeira peut également être le résultat d'une violente éruption explosive ayant emporté une partie du cône volcanique.*

Dyke *Les murailles de lave, ou dykes, comptent parmi les structures géologiques les plus spectaculaires de la planète. Ce sont les vestiges d'anciens volcans dont les roches les plus tendres ont été érodées, dénudant des filons de lave solidifiée.*

Lac de cratère *Certaines caldeiras se remplissent d'eau et deviennent des lacs pouvant atteindre plusieurs dizaines de kilomètres de large. Les eaux géothermales et les gaz volcaniques leur confèrent souvent des teintes et des compositions chimiques particulières.*

Plateau volcanique *Il arrive parfois qu'une immense quantité de lave se déverse par de longues fissures de la croûte terrestre et « inonde » littéralement de vastes zones. Des centaines d'éruptions effusives similaires finissent par ériger un plateau de plusieurs kilomètres d'épaisseur, appelé trapp (escalier en suédois), où l'érosion forge des escarpements abrupts au cours du temps.*

Formation de necks et de dykes

Les necks (pics) et les dykes (murs) sont d'étonnants monuments naturels issus de la combinaison du volcanisme et de l'érosion.

Dans un volcan actif, le magma remplit les cheminées et les conduits.

À la fin de l'activité du volcan, le magma résiduel se refroidit pour donner une roche très dure.

Le travail de l'érosion sur des millions d'années finit par mettre au jour des structures saisissantes.

Les sources thermales et les geysers

Presque partout sous la croûte terrestre, la température s'accroît avec la profondeur. Cela est particulièrement vrai à proximité des volcans. Les eaux souterraines circulant à travers les couches de roches chaudes sont chauffées, deviennent moins denses et cherchent un chemin vers la surface. Les résurgences naturelles d'eaux thermales sont appelées sources thermales. Il arrive aussi que des chambres souterraines se remplissent d'eau sous pression qui jaillit par intermittence. Ce phénomène est appelé un geyser. Dans certains pays, les ingénieurs et les scientifiques ont mis au point des techniques pour exploiter l'énergie géothermique afin de chauffer des habitations et de produire de l'électricité. Ne rejetant que de la vapeur, cette source d'énergie est particulièrement propre.

Cure thermale pour des macaques
Il n'y a pas que les humains qui apprécient les bienfaits du thermalisme. Cette troupe de macaques japonais a trouvé une parade contre les rigueurs de l'hiver. En effet, les sources thermales situées près du volcan Shiga Kogen leur offrent des bassins où patauger dans l'eau chaude des heures durant.

La chaleur des profondeurs

On trouve des zones hydrothermales sur terre et dans les océans. La chaleur de l'eau varie de tiède à bouillante. L'eau peut aussi se transformer en vapeur brûlante. Les eaux thermales, souvent chargées en sels minéraux rares, ont parfois une odeur d'œuf pourri, caractéristique du sulfure d'hydrogène.

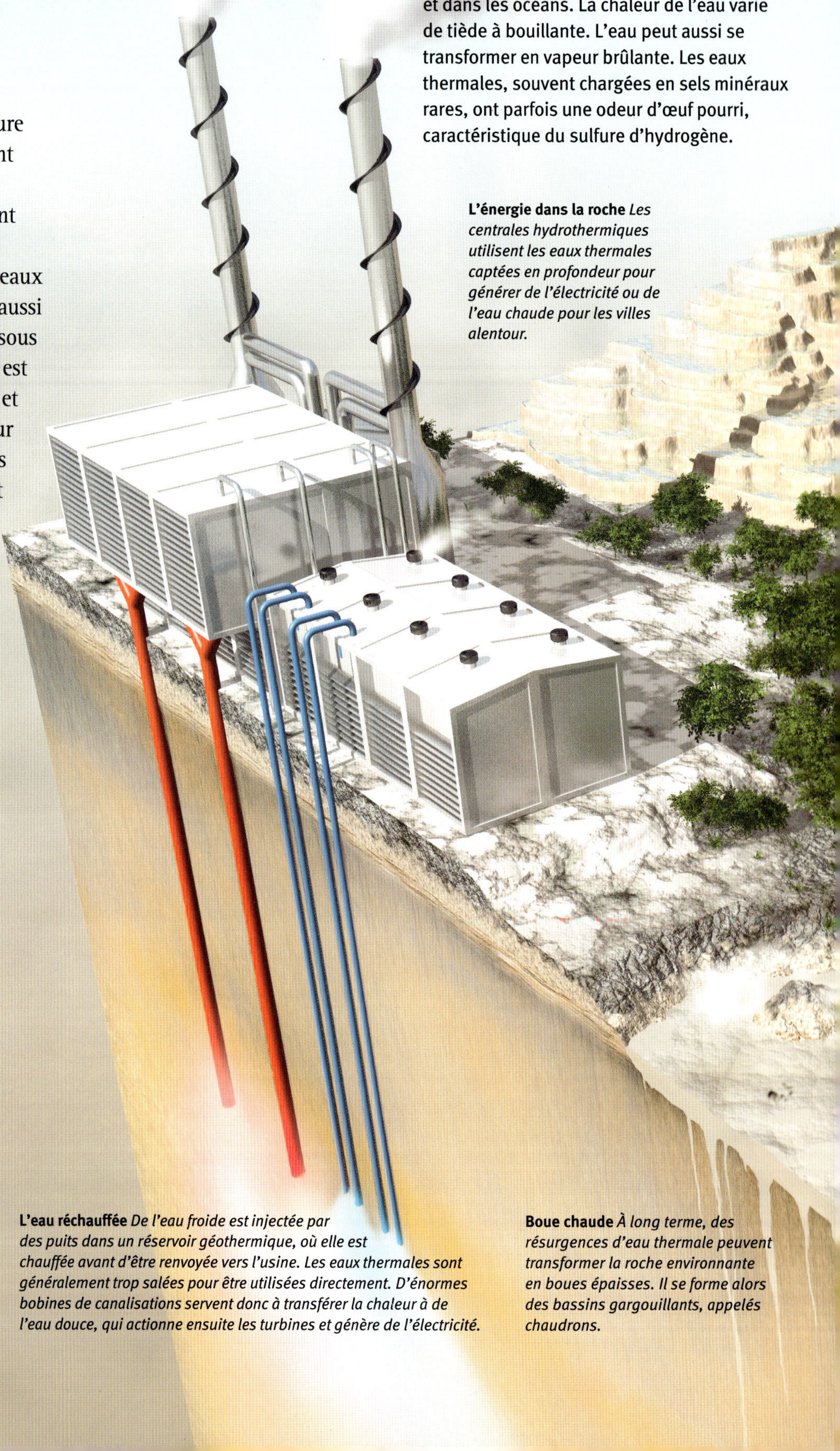

L'énergie dans la roche *Les centrales hydrothermiques utilisent les eaux thermales captées en profondeur pour générer de l'électricité ou de l'eau chaude pour les villes alentour.*

L'eau réchauffée *De l'eau froide est injectée par des puits dans un réservoir géothermique, où elle est chauffée avant d'être renvoyée vers l'usine. Les eaux thermales sont généralement trop salées pour être utilisées directement. D'énormes bobines de canalisations servent donc à transférer la chaleur à de l'eau douce, qui actionne ensuite les turbines et génère de l'électricité.*

Boue chaude *À long terme, des résurgences d'eau thermale peuvent transformer la roche environnante en boues épaisses. Il se forme alors des bassins gargouillants, appelés chaudrons.*

La formation d'un geyser
Les geysers sont des phénomènes rares dont l'existence nécessite au moins trois conditions bien spécifiques : une grande quantité d'eau souterraine, de la géothermie et un réseau de conduits étanches sous pression.

L'eau souterraine chauffe en passant à proximité des roches chaudes et du magma.

Par-dessus, l'eau froide agit comme un couvercle, ce qui fait grimper la pression de l'eau chaude.

Finalement, la pression de l'eau chaude excède celle de l'eau froide et le système explose en un geyser de vapeur et d'eau bouillante.

Sculpté par l'eau *Dans de nombreuses régions géothermales, on trouve de magnifiques formations de bassins en terrasse. En ruisselant, l'eau chaude dépose des minéraux tels que du carbonate de calcium, des sulfates ou des silicates.*

Des jets éruptifs *Les geysers expulsent des colonnes d'eau de manière intermittente. Ainsi, Old Faithful, dans le parc du Yellowstone, aux États-Unis, connaît une activité régulière et identique depuis sa découverte.*

Sources chaudes et loisirs
De nombreuses sources thermales sont devenues des lieux de loisirs appréciés, surtout dans les zones où l'eau très chaude se mêle à l'eau froide d'une rivière ou d'un lac pour offrir une véritable piscine chauffée naturelle à bonne température.

Au cœur d'un geyser
Sous chaque geyser se trouve une cavité souterraine qui se remplit d'eau et de gaz entre chaque éruption.

Les volcanologues sur le terrain

Les volcanologues, ou vulcanologues, sont des scientifiques qui étudient les volcans en s'appuyant sur des disciplines comme la géologie, la chimie, la géographie, la minéralogie, la physique et la sociologie. Ils cherchent à comprendre comment les volcans se forment, quand et à quels intervalles ils risquent d'entrer en éruption et comment les éruptions affectent les paysages et les populations. Une partie importante de la volcanologie se déroule sur le terrain. Différentes mesures permettent d'appréhender le niveau d'activité d'un volcan ainsi que son histoire. D'autres évaluations sont faites en laboratoire ou grâce aux satellites. Rassembler toutes ces données afin d'informer les populations des dangers potentiels d'un volcan requiert des équipes de scientifiques passionnés.

Les volcanologues au travail

Les volcanologues travaillent sur le terrain avec toutes sortes d'instruments spéciaux. Un volcan actif est un lieu de travail dynamique et excitant, mais les volcanologues doivent préparer soigneusement leurs expéditions et ne jamais sous-estimer les risques qu'ils encourent.

Sous haute surveillance *Toutes sortes d'instruments permettent de mesurer les plus petits changements dans la topographie du volcan. Un gonflement du volcan peut être l'indice d'une éruption imminente.*

Depuis le ciel *L'hélicoptère permet d'atteindre les volcans difficiles d'accès et de couvrir beaucoup de terrain. Les pilotes ont cependant besoin d'avoir des connaissances spécifiques pour survoler les zones difficiles, dans une atmosphère chaude et chargée de particules et de gaz.*

Échantillonnage chimique *Le mélange complexe de gaz émis par les fissures du volcan est aspiré dans une chambre à vide, puis envoyé au laboratoire pour une analyse chimique.*

Un nez électronique *Les scientifiques utilisent un spectromètre de corrélation pour mesurer la quantité de dioxyde de soufre dans les panaches de gaz volcaniques. L'observation des émissions de gaz contribue à comprendre ce qui se passe à l'intérieur du volcan.*

Des indices dans la roche
Les volcanologues prélèvent des échantillons de roche sur le terrain ; leur structure interne et leur composition minérale sont ensuite étudiées en laboratoire. Une des méthodes d'analyse consiste à regarder une mince lame de roche sous un microscope polarisant ou à travers des filtres. Les cristaux apparaissent ainsi en couleurs différentes.

Un danger permanent
Les volcanologues ne peuvent pas prévoir le moment où une explosion projettera sur eux des fragments de roche ou des gaz. Aussi travaillent-ils en équipe, toujours attentifs à leur environnement.

Prélever de la lave incandescente
La température d'une coulée de lave avoisine les 1 200 °C. Il est impossible de s'en approcher pour prélever des échantillons sans porter une combinaison ignifugée équipée d'un casque.

Quand la Terre bouge

Vivre un tremblement de terre est une expérience terrifiante. Le sol se met à trembler et à vibrer. Sous l'action des secousses, les objets tombent et, dans les cas les plus graves, les immeubles s'écroulent. Un séisme se produit souvent quand deux plaques glissent l'une contre l'autre. L'énergie accumulée le long d'une faille de la croûte terrestre est alors soudainement libérée. La puissance et la durée d'un tremblement de terre dépendent de nombreux facteurs, comme la profondeur à laquelle la rupture s'est produite, le niveau des tensions avant le glissement et les types de roches impliqués. La résistance aux mouvements des roches de la croûte peut être à l'origine des secousses. Les plaques se brisent, se séparent, se percutent ou glissent l'une contre l'autre.

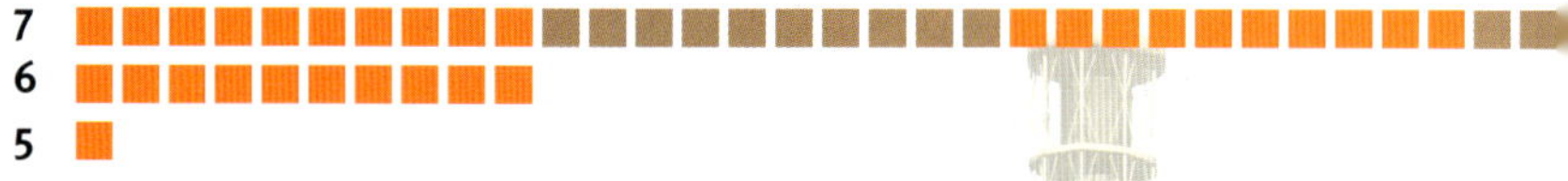

L'échelle de Richter

Le volcanologue américain Charles Richter développa cette échelle de magnitude des séismes en 1935. La magnitude évalue l'énergie libérée lors d'un séisme. Chaque degré de l'échelle correspond à un séisme d'une puissance dix fois supérieure. Cela signifie qu'un tremblement de terre de magnitude 7 est dix fois plus puissant qu'un de magnitude 6 et 100 fois plus qu'un de magnitude 5.

Les colères de la Terre

Chaque année, environ 500 000 secousses sismiques sont détectées ; la plupart étant trop faibles pour être ressenties par la population. Mais une centaine d'entre elles est assez puissante pour occasionner des dégâts.

LES TYPES DE FAILLES

On classe les failles selon la direction de leur mouvement. Les mouvements le long des failles sont très lents, mais quand des glissements soudains se produisent, ils engendrent des tremblements de terre. Les plus importants rompent la surface et déforment le sol.

Épicentre C'est le foyer apparent du séisme à la surface. Il se situe directement au-dessus de l'hypocentre.

Faille normale Sous l'effet de la gravité, un bloc descend par rapport à un autre le long d'une fracture en expansion.

Faille inverse L'un des blocs est soulevé au-dessus de celui qui se trouve de l'autre côté de la faille.

Hypocentre L'hypocentre est le foyer de contrainte des roches, où l'énergie est brusquement libérée sous forme d'ondes sismiques.

Faille transformante Deux blocs coulissent l'un contre l'autre. Il n'y a pas de déplacement vertical.

L'échelle modifiée de Mercalli

Fondée en 1902 par le volcanologue italien Giuseppe Mercalli, cette échelle mesure l'intensité d'un séisme en fonction de l'étendue des dégâts. Comme l'échelle de Richter, l'échelle modifiée de Mercalli est utilisée pour décrire les tremblements de terre au grand public. Pour leur part, les sismologues ont mis au point de nouvelles méthodes scientifiques plus fiables pour mesurer l'énergie sismique.

I — Instrumental
Perçu par très peu de gens ; détecté seulement par des instruments sensibles.

II — Faible
Perçu par quelques personnes, surtout dans les étages des habitations.

III — Léger
Perçu à l'intérieur, surtout dans les étages. Les objets suspendus se balancent.

IV — Modéré
Perçu par tous à l'intérieur et par quelques-uns à l'extérieur. La vaisselle, les vitres et les portes vibrent.

V — Moyen
Perçu par tout le monde ; les gens endormis s'éveillent. Les petits objets se déplacent ; les arbres et les poteaux tremblent.

VI
Fort
Perçu partout ; difficile de se déplacer. Le mobilier bouge ; les plâtres tombent ; les cheminées sont ndommagées.

VII
Très fort
Difficile de se tenir debout. Dégâts modérés aux bâtiments de bonnes factures ; importants dommages aux constructions médiocres. Les cheminées s'écroulent.

VIII
Destructeur
Dégâts considérables aux bâtiments ordinaires ; destruction des constructions de mauvaise qualité. Les meubles sont renversés et des murs s'écroulent.

IX
Ruineux
Dégâts importants aux bâtiments solides ; les édifices sortent de leurs fondations. Le sol se fissure et les canalisations sont éventrées.

X
Désastreux
Maçonnerie, structures et fondations sont détruites. Le sol est profondément fissuré. Des glissements de terrain se produisent et les voies de chemin de fer sont déformées.

XI
Effroyable
Très peu de bâtiments restent debout ; les ponts s'écroulent. Le sol est éventré, parcouru d'ondulations sismiques visibles.

XII
Catastrophique
La destruction est totale. Le sol ondule sous l'effet des ondes. Les objets lourds sont projetés dans les airs.

À l'épreuve des séismes

Forts ou faibles, étendus ou localisés, secousses et séismes font continuellement trembler notre planète. Si nous savons comment et pourquoi les tremblements de terre se produisent, en revanche nous ne pouvons ni prédire ni prévenir ces phénomènes naturels catastrophiques. Cependant, nous pouvons nous préparer à l'inévitable. L'étude de la fréquence des séismes passés, de leur type, de leur étendue, des schémas de rupture du sol et des dommages aux constructions, permet aux sismologues et aux ingénieurs de déterminer des sites de constructions moins risqués pour les bâtiments et les routes, et de concevoir des édifices capables de résister aux mouvements horizontaux et verticaux et aux va-et-vient que leur infligent les séismes. La préparation passe aussi par un plan efficace d'intervention et de sauvetage après le désastre.

Un contrepoids au sommet *Une lourde masse est installée au sommet du bâtiment. Conçue pour se déplacer dans la direction inverse du building, elle répond aux mouvements du sol lors d'un séisme, ou à la poussée des rafales de vent, et maintient sa stabilité.*

Une structure métallique renforcée *Des poutrelles métalliques croisées renforcent la structure du building et s'opposent à sa déformation sous l'effet des secousses sismiques.*

D'ÉTONNANTES PAGODES

Au Japon, de nombreuses pagodes bouddhistes, vieilles de plus d'un millénaire, sont toujours debout. Elles ont résisté à d'innombrables tremblements de terre alors que les édifices environnants ont été détruits. Ce n'est que récemment que les ingénieurs ont percé les secrets architecturaux de leur conception.

Des pièces de bois assemblées
Toutes les pièces de bois flexibles d'une pagode sont assemblées sans le moindre clou. Au cours d'un séisme, elles se tordent et se frottent sans se briser, dissipant l'énergie du séisme.

Un empilement de cubes
La pagode a une structure en « boîtes » superposées. Lors d'un séisme, chaque « boîte » oscille indépendamment de ses voisines. La tour effectue une sorte de « danse du serpent » et reste donc en équilibre.

Un pilier central
Les toits des pagodes sont fixés à un pilier central rigide. Ces toits peuvent plier sans casser et le pilier tient bon.

Se préparer au pire
Dans certaines régions du monde, des entraînements parasismiques sont couramment organisés dans les écoles. Dès qu'un tremblement de terre commence, les enfants doivent se réfugier sous les tables.

Des constructions parasismiques

Architectes et ingénieurs font sans cesse de nouveaux progrès en matière de constructions résistantes aux séismes et de renforcement des bâtiments anciens. Ces techniques demeurent cependant coûteuses et, malheureusement, les tremblements de terre qui se produisent dans les régions les moins développées de la planète causent encore régulièrement d'énormes pertes humaines et matérielles.

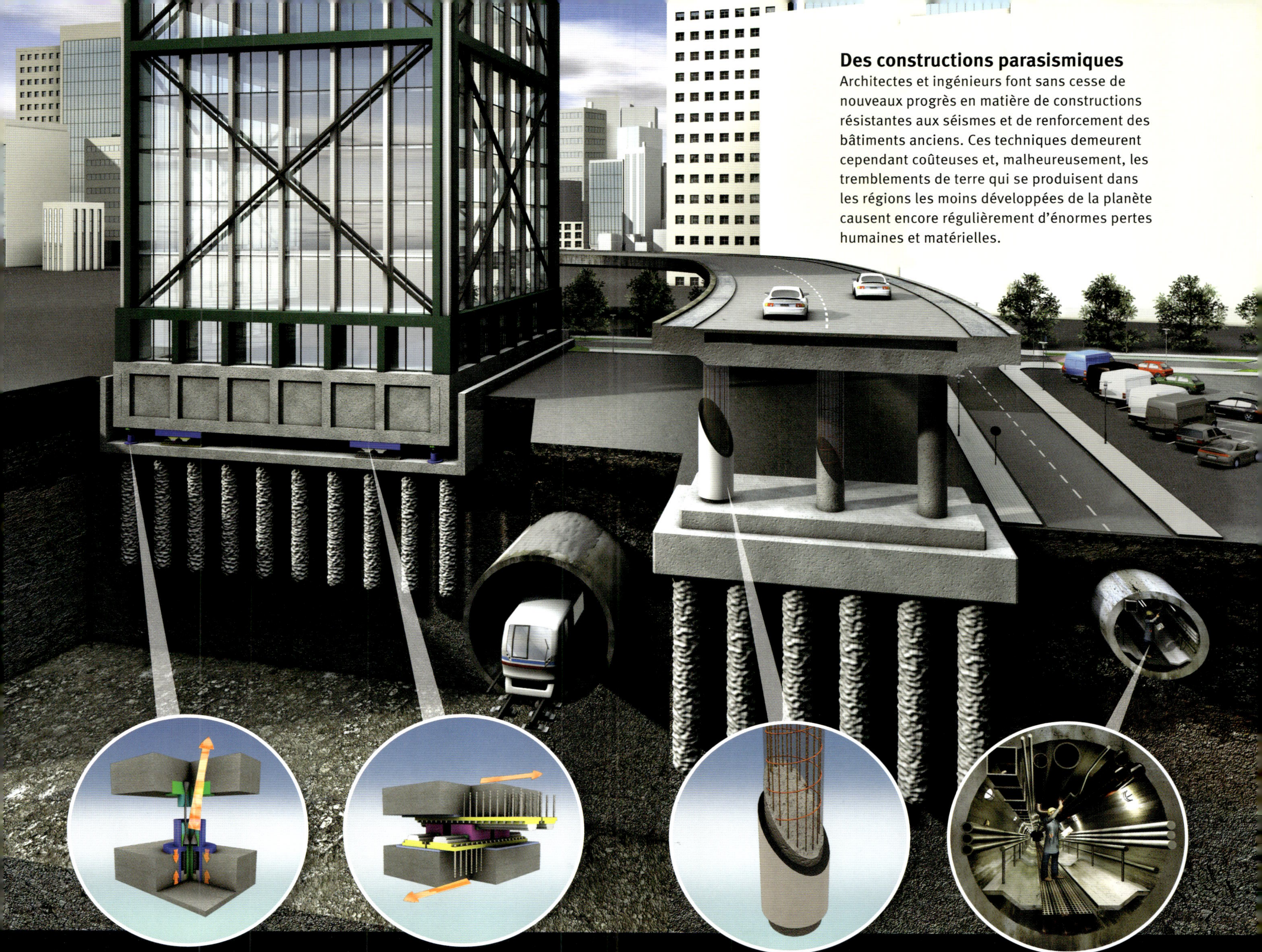

Une base élastique *Les joints souples reliant le bâtiment à ses fondations lui permettent une certaine élasticité verticale au cours d'un séisme.*

Le déplacement horizontal *Un système d'amortisseurs permet au bâtiment de se déplacer sur le plan horizontal, dissipant ainsi l'énergie du séisme.*

Des piliers armés *Les colonnes en béton sont renforcées par des tiges d'acier en spirale offrant une bonne résistance et une flexibilité aux vibrations engendrées par les secousses.*

Un réseau « tout en un » *Dans les villes soumises aux tremblements de terre, les câbles électriques, les conduites de gaz et d'eau et les lignes téléphoniques sont regroupés dans un unique tunnel renforcé.*

Après un tremblement de terre

Un séisme peut engendrer des pertes humaines et des destructions terribles, en particulier s'il est de grande amplitude ou s'il se produit dans une zone très peuplée. Les tremblements de terre importants détruisent les bâtiments, rompent les canalisations et paralysent les centrales électriques, ce qui perturbe énormément la vie urbaine. Les ondes sismiques se propagent rapidement dans les couches de roche dure, mais peuvent littéralement liquéfier les sols sédimentaires. Selon la nature du sol, les dommages peuvent donc être très variables d'une rue à l'autre. Après le séisme, incendies, pénurie d'eau potable et destructions des égouts rendent les choses plus catastrophiques encore.

Des incendies ravageurs *Alimentés par les conduites de gaz percées, les citernes de carburants éventrées et les produits chimiques répandus, les incendies se révèlent souvent plus meurtriers et destructeurs que le séisme lui-même.*

Les secours aériens *Lorsque routes et voies de chemin de fer sont détruites ou bloquées, les hélicoptères représentent parfois le seul moyen d'évacuation d'une zone sinistrée.*

Un œil espion *Les secouristes utilisent une caméra miniature au bout d'un câble flexible pour localiser les victimes ensevelies sous les décombres.*

Il est possible *de retrouver des gens piégés dans les éboulis en détectant la faible émission de gaz carbonique de leur respiration.*

L'urgence des secours

Porter assistance aux vivants et secourir les blessés sont les premiers devoirs des équipes de secouristes après un séisme. Les gens piégés dans les bâtiments en ruine ont souvent des réserves d'air et d'eau limitées ; l'intervention des secouristes ne souffre donc aucun délai.

La liquéfaction du sol *Soumis à d'intenses et rapides secousses, certains sols sédimentaires peuvent se liquéfier et se transformer en sables mouvants, entraînant l'enfoncement ou l'effondrement des édifices.*

Les glissements de terrain *sont un autre risque majeur inhérent aux séismes. Ainsi, des villes entières ont été ensevelies sous de gigantesques coulées de boue et de rochers dévalant les pentes et les vallées.*

Besoin d'eau *L'eau potable est essentielle à la survie des sinistrés. Les pompiers ont aussi besoin d'être approvisionnés pour éteindre les incendies. Les canalisations éventrées représentent donc un problème majeur après un séisme.*

Comme un château de cartes *Les immeubles à étages dont la qualité de construction est mauvaise s'effondrent comme des châteaux de cartes.*

Écouter le sol *Des microphones ultrasensibles sont capables de détecter le moindre bruit émis par une victime. En utilisant plusieurs micros, les secouristes peuvent déterminer la position exacte de la personne ensevelie.*

LES CHIENS SECOURISTES

Dans les décombres, les chiens secouristes aident à localiser les victimes grâce à leur odorat exceptionnel. Plusieurs races sont douées pour ce travail très particulier, et chaque chien subit un entraînement intensif. Lorsqu'une catastrophe naturelle se produit, des équipes spécialisées interviennent depuis les quatre coins du monde.

La formation des tsunamis

Tsunami est un mot japonais qui signifie « vague portuaire ». Un tsunami a lieu lorsque le plancher océanique subit une secousse due à un séisme, à une éruption volcanique, à un glissement de terrain côtier ou à l'impact d'une météorite, et qu'une importante masse d'eau se trouve ainsi soulevée. Ces vagues géantes peuvent voyager sur des milliers de kilomètres sous forme de houle et passer inaperçues des navires en haute mer. À l'approche des côtes, l'élévation du plancher océanique joue le rôle de frein à la base de la vague, la forçant à ralentir et à s'élever. Certains tsunamis engendrent de véritables murs d'eau, qui se fracassent sur les côtes avec une puissance telle qu'ils provoquent d'énormes inondations et ravagent tout sur leur passage.

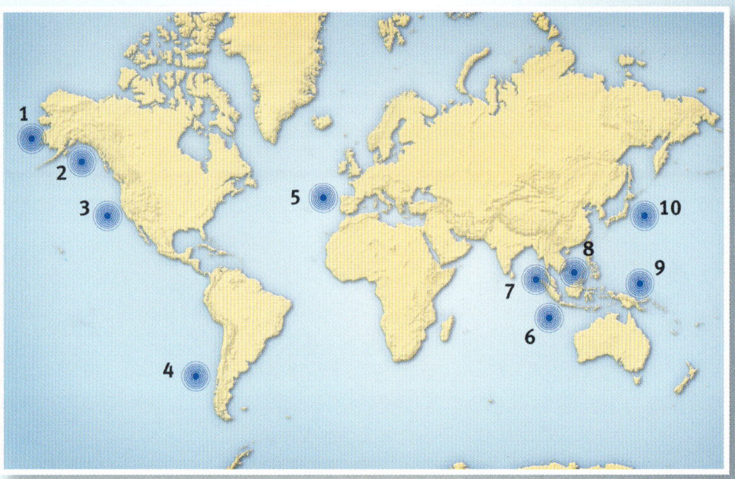

Les principaux tsunamis dans le monde

1. 1946 Un séisme en Alaska déclenche un tsunami qui tue 159 personnes à Hawaii.
2. 1964 Un tsunami en Alaska fait 122 victimes sur la côte ouest de l'Amérique.
3. 1896 Un tsunami frappe Los Angeles et la côte californienne.
4. 1960 Un tsunami tue 1 000 personnes au Chili et 61 à Hawaii.
5. 1775 Un séisme à Lisbonne génère un tsunami. Il y a plus de 60 000 morts.
6. 1883 Le Krakatoa explose et un tsunami déferle sur l'Indonésie (36 000 morts).
7. 2004 Un puissant séisme sous-marin soulève un train de vagues géantes qui parcourt des milliers de kilomètres et ravage les côtes d'au moins 14 pays asiatiques et africains. Plus de 225 000 personnes trouvent la mort.
8. 1976 Un tsunami tue plus de 5 000 personnes aux Philippines.
9. 1998 Un tsunami frappe le nord de la Papouasie-Nouvelle-Guinée (2 000 victimes).
10. 1896 Au Japon, le tsunami de Sanriku tue plus de 26 000 personnes.

Les séismes sous-marins

La plupart des tsunamis se forment à la suite d'un tremblement de terre qui se produit au fond de l'océan. Le brusque déplacement de deux plaques tectoniques provoque de puissantes ondes de choc. Celles-ci se propagent en déplaçant rapidement une énorme masse d'eau.

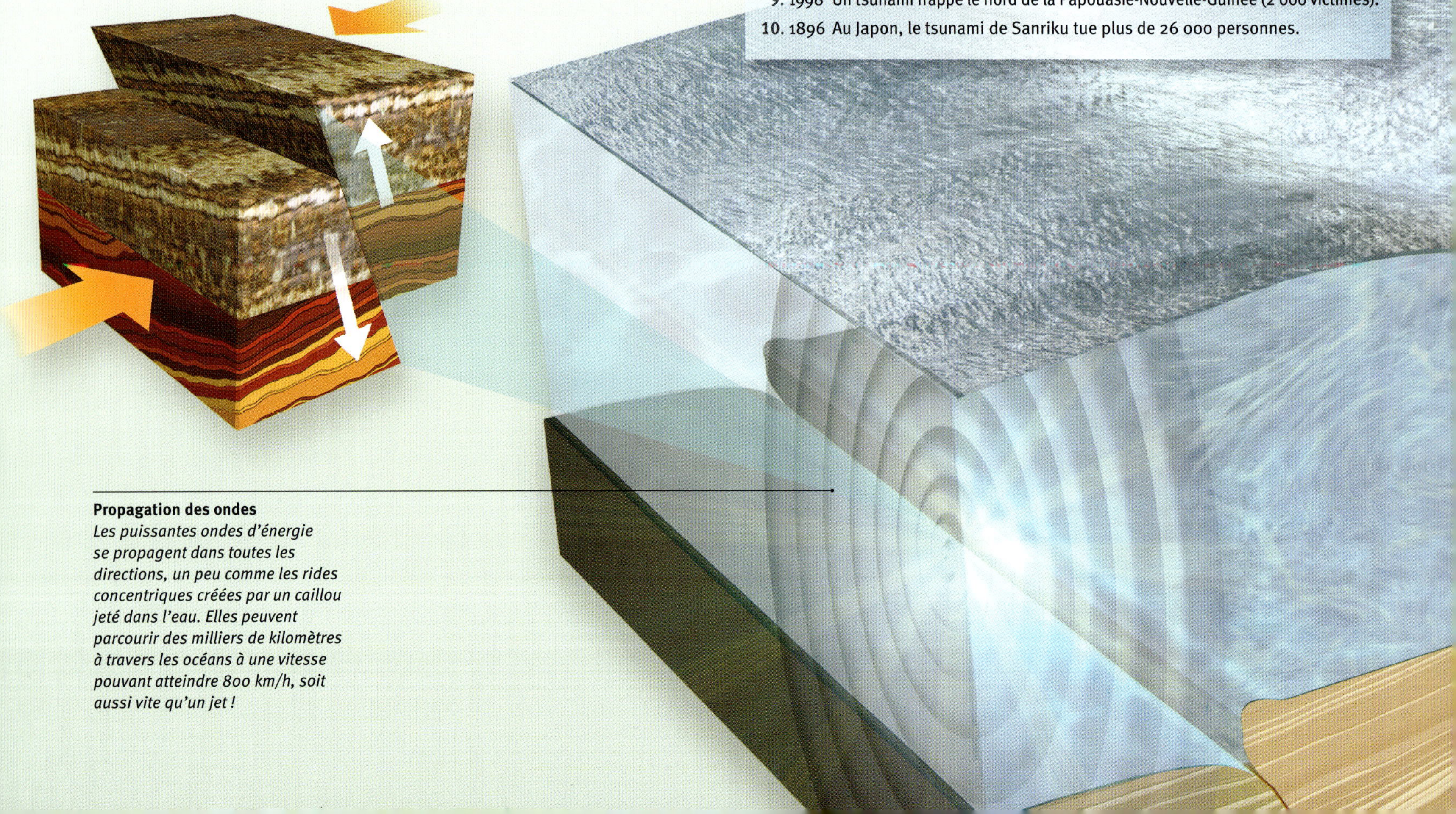

Propagation des ondes
Les puissantes ondes d'énergie se propagent dans toutes les directions, un peu comme les rides concentriques créées par un caillou jeté dans l'eau. Elles peuvent parcourir des milliers de kilomètres à travers les océans à une vitesse pouvant atteindre 800 km/h, soit aussi vite qu'un jet !

Avant le tsunami
Si un tsunami peut traverser un océan en une journée, sur la côte rien ne laisse présager son arrivée. Heureusement, il existe désormais des systèmes d'alerte permettant aux scientifiques d'estimer quand et où un tsunami va frapper.

Quand l'eau se retire
Juste avant l'arrivée de la vague géante, les eaux se retirent de la baie, comme si une bonde géante avait été ouverte. En fait, l'eau de la baie est aspirée par la vague en formation au large.

Puis c'est le désastre
La première vague géante déferle sur la plage. C'est un mur d'eau pouvant atteindre 30 mètres de haut qui balaie tout sur son passage et pénètre loin à l'intérieur dans les terres.

Une menace imperceptible
Au large, en surface, les vagues du tsunami ne dépassent guère 1 mètre de haut. Pour les marins à bord des bateaux, il ne s'agit que d'une houle naturelle.

Sur la côte *En se rapprochant de la côte, les vagues ralentissent et s'élèvent. Les crêtes et les creux du tsunami se succèdent à intervalles de 10 à 45 minutes.*

Les sismologues sur le terrain

Les sismologues sont des scientifiques qui étudient les tremblements de terre. Leurs recherches se fondent sur la géologie, la physique, l'ingénierie et la géographie. Ils collaborent aussi avec les ingénieurs afin d'établir des normes parasismiques et des méthodes de constructions capables de rendre les villes plus sûres. Le travail sur le terrain est une partie importante de la sismologie. Les nombreuses mesures effectuées apportent des renseignements, passés et présents, sur les mouvements et les déformations du sol le long des failles. D'autres analyses faites en laboratoire déterminent le comportement des matériaux soumis à des ondes sismiques.

L'INSTINCT ANIMAL

Depuis l'Antiquité, de nombreuses observations ont été rapportées sur le comportement étrange des animaux au cours des heures précédant un séisme. En effet, les animaux semblent dotés d'un « sixième sens », encore difficile à expliquer, leur permettant d'anticiper ces phénomènes naturels. Selon une théorie, ils seraient capables de détecter les petits changements dans le champ magnétique terrestre local qui précèdent généralement un tremblement de terre. Les études scientifiques n'ont hélas pas encore pu sélectionner un animal assez fiable pour servir à la prédiction des séismes.

Les ondes sismiques
L'énergie générée par un séisme voyage sous forme d'ondes à travers les couches rocheuses. On distingue quatre types d'ondes sismiques : deux ondes de volume, qui traversent la Terre, et deux ondes de surface, plus lentes et destructrices, qui se propagent à la surface.

Ondes P Aussi appelées ondes primaires ou de compression, elles se déplacent rapidement de l'intérieur de la Terre vers la surface et sont les premières à être ressenties lors d'un séisme.

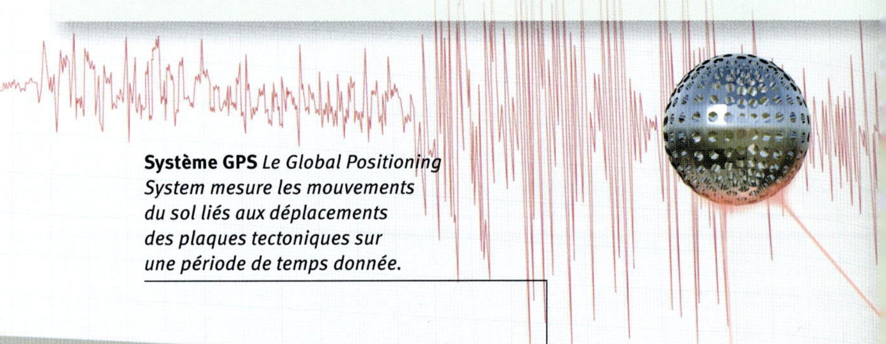

Système GPS *Le Global Positioning System mesure les mouvements du sol liés aux déplacements des plaques tectoniques sur une période de temps donnée.*

Magnétomètre *Le magnétomètre enregistre la direction et l'intensité du champ magnétique terrestre. Un séisme est souvent précédé par de petites variations du champ magnétique local.*

Sismomètre
Cet instrument détecte la direction et l'intensité des ondes sismiques produites par les tremblements de terre. L'épicentre et la magnitude d'un séisme peuvent être déterminés à partir des enregistrements d'un réseau de sismomètres.

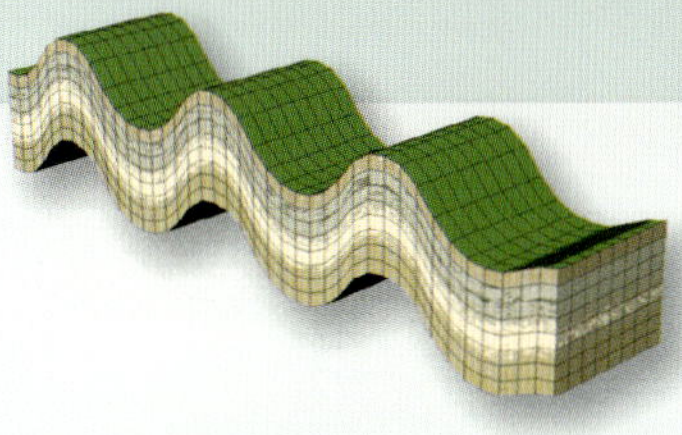

Ondes S Appelées ondes secondaires ou de cisaillement, car elles provoquent des mouvements du sol perpendiculaires au sens de leur propagation. Elles voyagent à l'intérieur de la Terre deux fois moins vite que les ondes P.

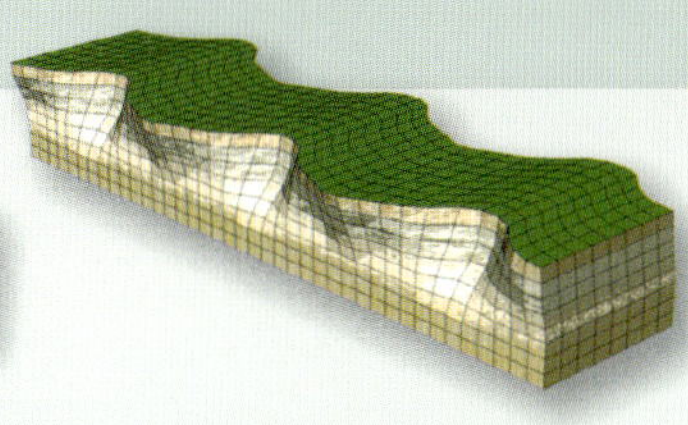

Ondes de Love Elles provoquent un ébranlement horizontal à la surface de la Terre, qui cause de gros dégâts. Elles sont bien plus lentes que les ondes de volume.

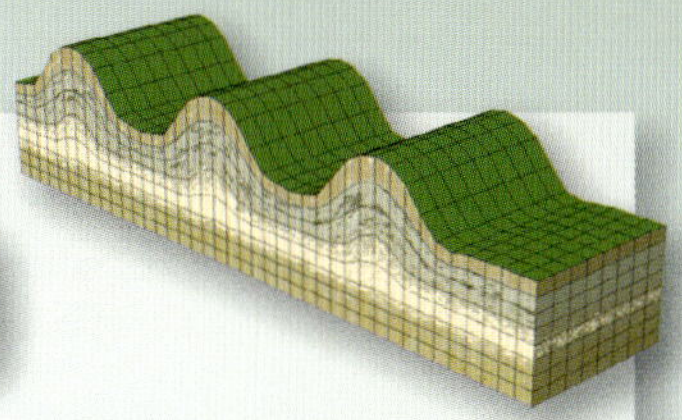

Ondes de Rayleigh Elles provoquent la déformation de la surface du sol comme des vagues sur l'océan. Leur mouvement est à la fois vertical et horizontal et elles sont les plus lentes.

L'ancêtre du sismomètre
Dans l'Antiquité, le savant et inventeur chinois Zhang Heng conçut cet instrument pour détecter les secousses sismiques en 132 apr. J.-C. À la moindre vibration, un pendule enfermé dans une chambre en bronze provoquait l'ouverture de la bouche d'un des huit dragons, qui laissait alors tomber une balle dans la gueule d'un des crapauds, indiquant ainsi la direction du séisme.

Tir laser sur des satellites artificiels (Satellite Laser Ranging) *Les sismologues pointent des rayons laser vers des miroirs montés sur des satellites afin de détecter de petits mouvements avant ou après un séisme.*

Camion vibrateur *Ce camion spécialement équipé crée des ondes sismiques en frappant le sol avec un piston hydraulique. Des instruments enregistrent la façon dont les ondes se propagent à travers le sol.*

Sismogrammes *Les sismomètres traditionnels enregistrent des sismogrammes, des tracés des secousses, sous forme de lignes brisées dessinées sur une bande de papier défilant. Les sismomètres modernes enregistrent directement ces données dans un ordinateur.*

Jauges de déformation *Ces instruments placés dans des trous profonds autour d'une faille de la croûte terrestre mesurent le niveau de tension de la roche et la façon dont elle se déforme.*

Extensomètre *Ce capteur de déformation mesure le lent mouvement ou la déformation de la roche sous l'effet des tensions agissant sous la surface.*

Les sismologues au travail

Les sismologues disposent d'un panel d'instruments spécialisés pour étudier les failles et les mouvements du sol. Mais ils ont également besoin d'outils simples, comme un marteau pour briser des morceaux de roche, ou une pelle pour creuser des tranchées à la surface de la faille.

NIVEAU 9

Carte de localisation Un gros point rouge porté sur la carte indique la localisation précise de l'événement relaté.

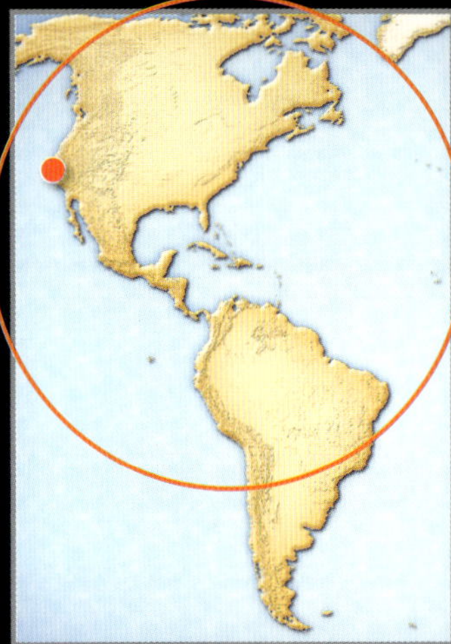

SAN FRANCISCO

Date : 18 avril 1906

Durée : 45 – 60 secondes

Magnitude sur l'échelle de Richter : 7,8 – 8,3

Intensité sur l'échelle de Mercalli : VII – IX

Nombre de victimes : 487 (officiellement) ; 3 000 – 6 000 (estimation)

En bref regroupe les données essentielles concernant l'historique de chaque événement.

NIVEAU 8

NIVEAU 7

NIVEAU 6

NIVEAU 5

NIVEAU 4

NIVEAU 3

NIVEAU 2

Échelle verticale Cette échelle indique la puissance de l'événement concerné, selon l'indice d'explosivité volcanique pour les volcans, et la magnitude sur l'échelle de Richter pour les séismes.

NIVEAU 1

Zoom sur

NIVEAU 9 · NIVEAU 8 · NIVEAU 7 · NIVEAU 6 · NIVEAU 5 · NIVEAU 4 · NIVEAU 3 · NIVEAU 2 · NIVEAU 1

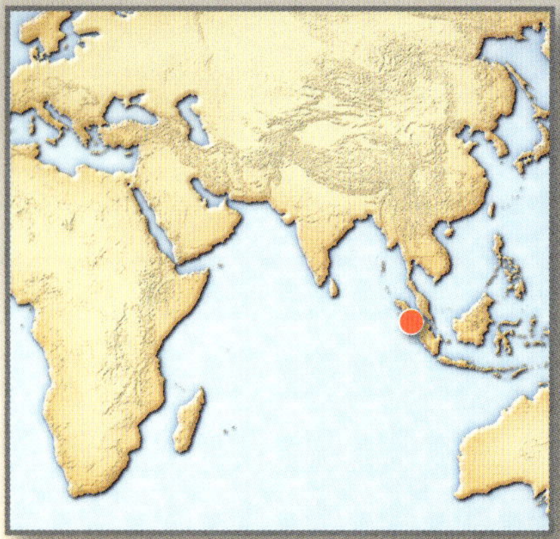

LE TOBA

DATE : il y a environ 73 500 ans
INDICE D'EXPLOSIVITÉ VOLCANIQUE : 9
TYPE D'ÉRUPTION : ultra-plinien
VOLUME ÉRUPTIF : environ 2 800 km³
NOMBRE DE VICTIMES : inconnu

Un colossal panache de cendres
L'éruption du Toba dispersa des cendres sur une énorme superficie, laissant un dépôt de 9 m d'épaisseur en Malaisie, et jusqu'à 15 cm en Inde et dans les régions du golfe du Bengale.

Le Toba

Aujourd'hui, en visitant le paisible site du lac Toba, sur l'île indonésienne de Sumatra, il est impossible de deviner qu'il fut le théâtre de la plus gigantesque éruption volcanique de l'histoire de l'humanité. Le lac est en fait une caldeira de 90 km de long par 30 km de large. D'après les scientifiques, cet ancien volcan explosa dans une terrifiante éruption il y a environ 73 500 ans. Ses panaches de gaz et de cendres se répandirent à travers tout le globe. L'activité ne dura probablement qu'une quinzaine de jours, mais le refroidissement climatique qui s'en suivit se prolongea six longues années, entraînant des modifications des paysages, de la faune et de la flore.

L'hiver le plus long

Après l'éruption du Toba, nos ancêtres de l'âge de pierre souffrirent pendant de longues années du froid et connurent la disette. Les scientifiques estiment que cet âge glaciaire conduisit l'humanité au bord de l'extinction.

Le Toba de nos jours La région du lac Toba est toujours active. L'île de Samosir, au milieu du lac, est progressivement soulevée hors de l'eau sous la poussée du dôme de magma qui se trouve au-dessous. Elle est désormais la plus grande île au monde située à l'intérieur d'une île.

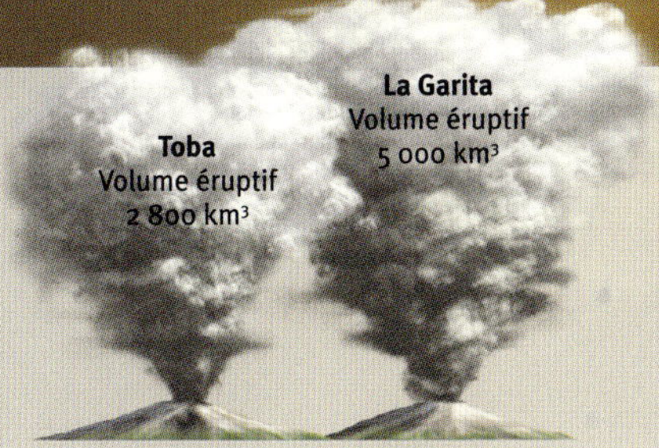

Supervolcans L'éruption du Toba fut certes la plus catastrophique que l'humanité ait jamais vécue, mais elle ne fut pas la plus grande éruption volcanique dont les scientifiques ont retrouvé la trace. Il y a quelque 27,8 millions d'années, l'éruption de La Garita, dans le Colorado, aux États-Unis, fut presque deux fois plus puissante.

Nuages mortels
Les cendres volcaniques et le dioxyde de soufre pulvérisés dans la stratosphère formèrent une fine couche nuageuse autour de la planète, qui bloqua une partie des rayons du soleil, engendrant un long hiver volcanique et une période glaciaire.

NIVEAU 9
NIVEAU 8
NIVEAU 7
NIVEAU 6
NIVEAU 5
NIVEAU 4
NIVEAU 3
NIVEAU 2
NIVEAU 1

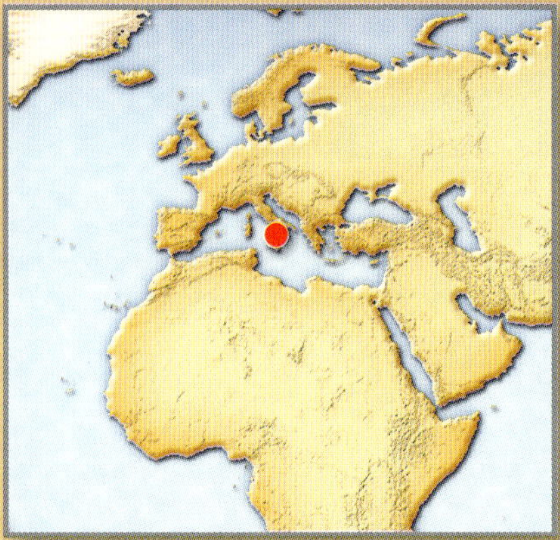

LE VÉSUVE
Date : 79 apr. J.-C.
Indice d'explosivité volcanique : 5
Type d'éruption : plinien/vulcanien
Volume éruptif : environ 3,3 km^3
Nombre de victimes : entre 3 000 et 10 000

Le Vésuve

Voici presque 2000 ans, le Vésuve, en Italie, entra en éruption et détruisit les villes de Pompéi et d'Herculanum. Une énorme colonne de cendres commença à s'élever haut dans le ciel. Le jour suivant, une coulée pyroclastique ensevelit les deux villes et les résidents qui n'avaient pas pu fuir. Préservées durant des siècles sous les cendres, les villes furent redécouvertes. Des fouilles furent menées dès le début du XVIIe siècle, révélant au monde un trésor archéologique inestimable et livrant un témoignage précis de la vie quotidienne à l'époque de la Rome antique.

Panique à Herculanum

Dans les années 1980, des archéologues découvrirent 250 squelettes serrés les uns contre les autres dans un ancien abri à bateau. Cette découverte permit de recréer avec exactitude les événements qui se déroulèrent lors de la destruction d'Herculanum.

Fuir par la mer *Les bateaux offraient sans doute le meilleur moyen de s'échapper, même sur une mer déchaînée. Les gens groupés à l'intérieur des abris devaient y attendre leur tour.*

Des eaux périlleuses *Dans la baie de Naples, les vents violents et les secousses sismiques générés par l'éruption rendirent la mer dangereusement agitée.*

PÉTRIFIÉS POUR L'ÉTERNITÉ

L'éruption du Vésuve figea Pompéi et Herculanum dans l'éternité, les préservant dans leurs moindres détails. Ainsi, de nombreuses personnes furent retrouvées pétrifiées et statufiées par les cendres.

1. Les gens suffoquèrent, étouffés par les gaz et les cendres, et leurs corps furent ensevelis.
2. Les corps se décomposèrent, mais les moules de cendres préservèrent les squelettes, les bijoux et autres objets imputrescibles. Des siècles plus tard, les archéologues qui découvrirent ces cavités y coulèrent du plâtre.
3. Débarrassés de leur gangue de cendres, les corps des victimes apparaissent.

Une pluie de cendres *Une pluie suffocante de cendres et de pierres ponces retomba du nuage éruptif. Herculanum fut ensevelie sous une couche de 18 m de matériaux éruptifs, qui se transformèrent en roche dure.*

Pris au piège *Presque tous les restes humains découverts à Herculanum le furent dans les abris à bateaux. Lorsque la coulée pyroclastique dévala les flancs du Vésuve, les gens furent tués instantanément.*

Un témoin oculaire

De l'autre côté de la baie de Naples, Pline le Jeune, célèbre écrivain et homme politique romain alors âgé de 17 ans, assista au déroulement de l'éruption. Son récit constitue le premier témoignage historique direct d'une éruption volcanique.

24 août, après-midi

« Un nuage montait d'une montagne… et aucun autre arbre que le pin n'y ressemblait davantage à son image et à son aspect. En effet, en s'élevant sous la forme d'un tronc très long, il s'élargissait dans les airs en rameaux… »

24 août, soir

« Déjà les cendres tombaient sur les bateaux ; plus ils approchaient, plus elles devenaient chaudes et denses ; déjà aussi c'étaient des pierres ponces et des cailloux noirs, carbonisés et brisés par le feu… »

25 août, matin

« Peu après, le nuage descendit sur les terres et couvrit la mer ; il avait entouré Capri et l'avait cachée, il avait dérobé à la vue la partie en saillie du cap de Misène. »

NIVEAU 9
NIVEAU 8
NIVEAU 7
NIVEAU 6
NIVEAU 5
NIVEAU 4
NIVEAU 3
NIVEAU 2
NIVEAU 1

LE KRAKATOA
DATE : 27 août 1883
INDICE D'EXPLOSIVITÉ VOLCANIQUE : 6
TYPE D'ÉRUPTION : plinien / ultra-plinien
VOLUME ÉRUPTIF : 20 km³
NOMBRE DE VICTIMES : 36 417

Un phénomène cataclysmique

La dernière et la plus cataclysmique des explosions du Krakatoa expulsa un panache de gaz et de cendres à 80 km de hauteur. En quatre heures environ, quatre violentes explosions se firent entendre. L'explosion finale fut la plus effroyable.

Le Krakatoa

Après trois mois d'une activité intense, le Krakatoa, un volcan situé dans le détroit de la Sonde, en Indonésie, explosa le 27 août 1883. Cette effroyable explosion, le phénomène sonore le plus fort jamais entendu par des oreilles humaines, fut aussi la plus puissante de l'histoire récente. Elle pulvérisa le cône du volcan et détruisit l'île sur laquelle il s'élevait. Les tsunamis monstrueux qui s'ensuivirent firent des milliers de victimes dans les régions alentour. Les cendres volcaniques se répandirent dans toute l'atmosphère. Il en résulta une baisse des températures qui se prolongea des mois durant, et de glorieux couchers de soleil. Aujourd'hui, un nouveau cône, Anak Krakatoa (l'enfant du Krakatoa), s'élève à la place de l'ancien.

Le Cri
Des mois après l'éruption, les particules volcaniques piégées dans la haute atmosphère donnèrent lieu à des couchers de soleil spectaculaires. *Le Cri*, œuvre célèbre du peintre norvégien Edvard Munch, dépeindrait un tel crépuscule à Oslo, de l'autre côté de la Terre.

APRÈS L'EXPLOSION

Les volcanologues ne savent pas exactement pourquoi l'éruption du Krakatoa fut si violente, mais elle s'explique probablement par une réaction explosive entre l'eau de mer et le magma.

Avant et après
Dans les dernières phases de l'éruption, une grande partie de l'île de Krakatoa sombra dans la mer. La superficie originelle est montrée ci-dessus en vert pâle. Les retombées de cendres augmentèrent sensiblement la surface des autres îles entourant la caldeira du Krakatoa.

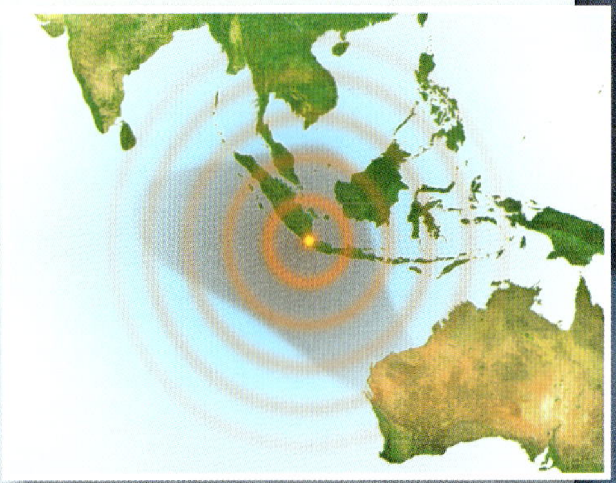

Le panache de cendres et la déflagration
Le panache de cendres volcaniques s'étendit surtout en direction du nord-ouest. Les déflagrations des explosions successives se répercutèrent à travers toute la région et furent entendues jusqu'à 4 500 km de distance.

MONT SAINT HELENS

Date :	18 mai 1980
Indice d'explosivité volcanique :	5
Type d'éruption :	plinien
Volume éruptif :	1 km³
Nombre de victimes :	57

Le mont Saint Helens de nos jours
Cette photographie montre l'énorme cratère en fer à cheval engendré par l'explosion du sommet de la montagne. Au centre, des remontées périodiques de magma ont progressivement érigé un dôme de lave.

Le mont Saint Helens

En 1980, le plus grand désastre volcanique des États-Unis fut aussi l'un des mieux observés et étudiés. Car lorsque le mont Saint Helens entra en éruption après un sommeil de 120 ans, personne ne fut réellement surpris. Les scientifiques avaient, en effet, mis le volcan sous haute surveillance depuis des mois et, bien qu'ils ne pouvaient prévoir le moment exact de l'éruption, ils savaient que le gonflement observé sur son flanc signifiait une remontée magmatique et une entrée en activité imminente. L'éruption provoqua l'effondrement du flanc nord du volcan et des coulées de boue et de roches. Le souffle de l'explosion pulvérisa le cône volcanique et rasa les forêts sur des kilomètres carrés. Des pluies de cendres retombèrent sur une vaste région du nord-ouest des États-Unis, et jusqu'en Oklahoma.

❶ **Mars – mai 1980** *Pendant plusieurs mois, du magma remonta et s'accumula dans une énorme cavité à l'intérieur du flanc nord du volcan, fracturant les roches. Des semaines avant l'éruption, les volcanologues observèrent des déformations du sol et enregistrèrent des séismes.*

❷ **18 mai, 8 heures 32 minutes et 37 secondes** *Le flanc du volcan est emporté par un énorme glissement de terrain. Par la suite, les géologues se serviront du schéma de ce glissement de terrain pour identifier des dépôts similaires sur d'autres sites volcaniques.*

Une montagne décapitée

Les films de l'événement révèlent que, une fois l'éruption commencée, une grande partie du mont Saint Helens fut soufflée en moins d'une minute par une explosion cataclysmique.

❸ **18 mai, 8 heures 32 minutes et 41 secondes** *Le cratère explose, libérant une énorme colonne de roches, de cendres et de gaz, qui entraîne des coulées pyroclastiques. Le panache en forme de champignon s'élève à 19 km d'altitude dans l'atmosphère.*

Une forêt rasée
Le souffle de l'explosion fut si violent qu'il rasa la forêt sur des kilomètres carrés, couchant les arbres comme des fétus de paille.

Une coulée dévastatrice
Dans le quart d'heure qui suivit l'explosion, une coulée bouillante de débris volcaniques (cendres et roches) et d'eau dévala le flanc de la montagne à la vitesse de 71 km/h.

Des villes sous les cendres
Dans les jours qui suivirent l'éruption, des pluies de cendres volcaniques s'abattirent sur de nombreuses villes de la côte nord-ouest. Heureusement, les villes proches de Portland et de Seattle ne subirent que peu de dégâts.

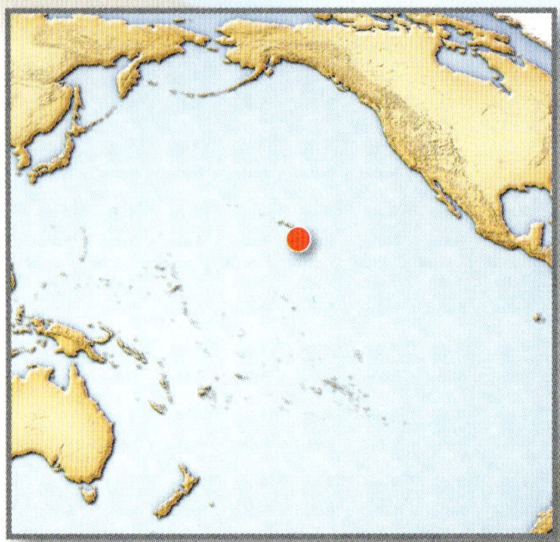

LE KILAUEA

Date : 1983

Indice d'explosivité volcanique : 1

Type d'éruption : hawaiien

Volume éruptif : 3 km^3

Nombre de victimes : plusieurs touristes imprudents succombèrent à la suite d'une chute ou de l'inhalation de gaz.

Le cratère du Kilauea
Le cratère Halema'uma'u, profond de 85 m et large de 915 m, est la source de nombreuses éruptions historiques du Kilauea. Il est enchâssé dans un cratère beaucoup plus grand, presque circulaire, formé par la caldeira du sommet du Kilauea.

Le Kilauea

Blotti dans le coin sud-est de la grande île d'Hawaii, au milieu de l'océan Pacifique, le Kilauea est l'un des volcans les plus actifs de la planète. Au cours du siècle passé, il est entré en éruption une cinquantaine de fois et n'a pas cessé son activité depuis 1983. La plupart des éruptions du Kilauea sont assez modestes. Elles produisent de spectaculaires fontaines de lave et de longues coulées. Cette activité tranquille lui vaut la visite de milliers de touristes qui, chaque année, se pressent sur ses flancs pour un face-à-face avec la lave incandescente. Il ne faut cependant pas s'y tromper : même un volcan « calme » comme le Kilauea peut être potentiellement dangereux et destructeur.

Le Kilauea vu de l'espace
Cette photographie prise de l'espace révèle que le cratère du Kilauea s'ouvre sur le flanc du plus grand volcan actif du monde, le Mauna Loa. Les zones brun-rouge sont les coulées de lave récentes qui ont recouvert les luxuriants paysages tropicaux.

NIVEAU 9
NIVEAU 8
NIVEAU 7
NIVEAU 6
NIVEAU 5
NIVEAU 4
NIVEAU 3
NIVEAU 2
NIVEAU 1

Fontaine de lave
Au début de l'éruption du Pu'u O'o, des fontaines de lave incandescente jaillirent jusqu'à 500 m de haut, le long d'une fissure de 7 km de long.

Destructions
Les coulées de lave ont recouvert de vastes zones d'un parc national, détruit 189 maisons et modifié le tracé de plusieurs routes.

Quand la lave rencontre l'océan
Presque continuellement depuis 1986, des coulées de surface et de tunnels, issues des cratères du Pu'u O'o et du Kupaianaha, parcourent 10 km pour se jeter dans l'océan, offrant aux spectateurs un spectacle saisissant.

Le Kilauea en coupe

Cette vue en coupe du Kilauea montre la chambre magmatique et le réseau de conduits souterrains qui alimentent l'East Rift Zone, où le Pu'u O'o est en activité depuis ces 25 dernières années. Le magma circule dans les conduits et la lave jaillit en surface puis s'écoule vers la mer.

LISBONNE	
Date :	1er novembre 1755
Durée :	3,5 – 6 minutes
Magnitude sur l'échelle de Richter :	estimée à 8 – 9
Intensité sur l'échelle de Mercalli :	X (désastreux)
Nombre de victimes :	60 000 – 100 000

Lisbonne

Le 1er novembre 1755, une rupture dans l'écorce terrestre se produisit à 190 km au large de Lisbonne, au Portugal, et déclencha l'un des séismes les plus meurtriers de l'Histoire. Dans la ville, les bâtiments s'effondrèrent et de larges fissures éventrèrent les rues ; un tsunami puis un gigantesque incendie la dévastèrent ensuite entièrement. Les ambitions colonialistes du Portugal se trouvèrent réduites à néant. Pourtant, de ce terrible désastre naîtra la sismologie moderne. En effet, plutôt que d'imputer ce phénomène à la seule colère divine, le gouvernement portugais ordonna aux prêtres d'étudier les dommages et de consigner les témoignages des gens pour tenter de reconstituer la catastrophe d'un point de vue scientifique.

LISBONNE RECONSTRUITE

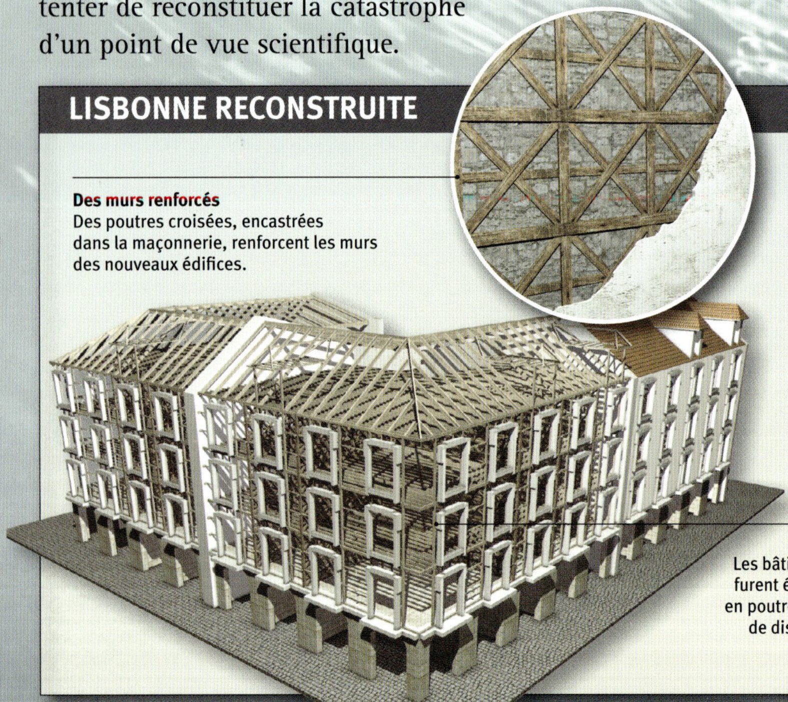

Des murs renforcés
Des poutres croisées, encastrées dans la maçonnerie, renforcent les murs des nouveaux édifices.

Une ossature en bois
Les bâtiments du cœur de la ville furent érigés avec une charpente en poutres entrecroisées, capable de dissiper l'énergie sismique.

À l'issue du tremblement de terre de 1755, Lisbonne dut être presque entièrement reconstruite. Pour la première fois en Europe, des normes strictes de construction furent imposées pour que la nouvelle ville résiste mieux à d'éventuelles futures secousses.

Une vague de destruction

Une demi-heure environ après le tremblement de terre, un énorme tsunami frappa le port de Lisbonne, l'endroit même où de nombreux rescapés s'étaient malheureusement réfugiés pour échapper à l'effondrement des bâtiments.

Échelle de Richter : 10, 9, 8, 7, 6, 5

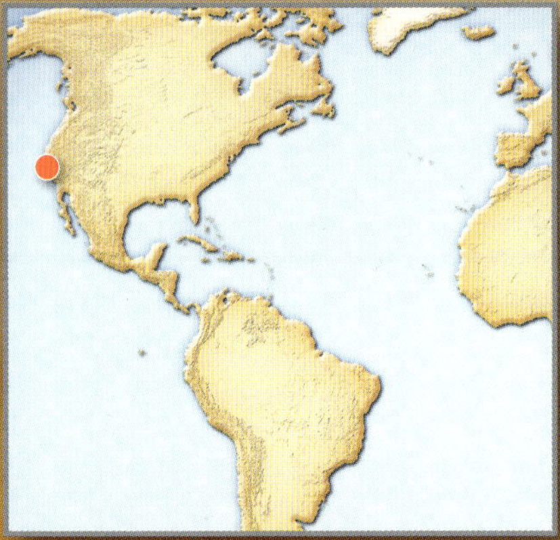

SAN FRANCISCO

DATE : 18 avril 1906

DURÉE : 45 – 60 secondes

MAGNITUDE SUR L'ÉCHELLE DE RICHTER : 7,8 – 8,3

INTENSITÉ SUR L'ÉCHELLE DE MERCALLI : VII – IX

NOMBRE DE VICTIMES : 487 (officiellement) ; 3 000 – 6 000 (estimation)

Un réveil catastrophique

Ce matin du 18 avril 1906, peu après 5 heures, les habitants de San Francisco furent tirés de leur sommeil par une violente secousse qui fut ressentie jusqu'à Los Angeles. En moins d'une minute, la ville fut ravagée. Les géologues n'avaient encore jamais vu une rupture d'une telle extension. Ils constatèrent par ailleurs que les dégâts étaient bien plus importants au-dessus des sols sableux ou boueux que sur des sols rocheux. Cela leur permit de mieux comprendre les risques inhérents aux séismes et d'utiliser ces connaissances dans la construction des villes.

San Francisco

La ville de San Francisco, en Californie, aux États-Unis, est bâtie sur la faille de San Andreas, siège de frictions entre la plaque pacifique et la plaque nord-américaine. Sous la ville, dans les profondeurs de la croûte terrestre, de grandes tensions s'accumulent progressivement. Plusieurs fois par an, de petites secousses viennent relâcher un peu ces contraintes, mais de temps en temps, un tremblement de terre majeur se produit, comme en ce matin de 1906, où près de 6 000 personnes perdirent sans doute la vie.

Routes éventrées *D'énormes crevasses apparurent dans toute la ville, ce qui provoqua la rupture des conduites d'eau et de gaz.*

SAN FRANCISCO EN FLAMMES

La plupart des destructions ne furent pas causées par le tremblement de terre lui-même, mais par de gigantesques incendies qui ravagèrent ensuite la ville pendant quatre jours et quatre nuits.

ÉCHELLE DE RICHTER

Maisons en bois
Si les maisons en bois, flexibles, résistèrent mieux au séisme, elles alimentèrent aussi les terribles incendies qu'il déclencha.

Réveillé par la secousse
La plupart des gens dormaient encore lorsque le tremblement de terre frappa et beaucoup périrent dans l'effondrement de leur maison.

Maisons en briques
Les maisons en briques, beaucoup plus rigides que celles en bois, subirent d'importants dommages.

Au feu ! *Les incendies se déclarèrent immédiatement après la secousse, provoqués en partie par les poêles à charbon dans les ruines des maisons.*

Une faille à haut risque
La faille de San Andreas s'étend sur quelque 1 300 km à travers le sud et l'ouest de la Californie.

LE LAC HEBGEN, MONTANA

Date : 17 août 1959

Durée : 30 – 45 secondes

Magnitude sur l'échelle de Richter : 7,5

Intensité sur l'échelle de Mercalli : X (désastreux)

Nombre de victimes : 28

Les étapes du désastre

En quelques instants, le paysage de la région de la Madison River Canyon fut radicalement et irrémédiablement modifié.

1 Au moment du séisme, la zone située au nord du lac Hebgen se trouva soulevée d'un seul coup, ce qui créa une faille de 6 m de haut.

Le lac Hebgen

Les tremblements de terre ont le pouvoir de modifier profondément les paysages. Celui qui dévasta la région du lac Hebgen, dans le Montana, aux États-Unis, en 1959 en est un exemple frappant. Les fractures du sol atteignirent 6 m et le séisme provoqua un énorme glissement de terrain qui dévala le flanc du Madison Canyon et ensevelit 28 campeurs. Les eaux du lac Hebgen se mirent à bouillonner et une vague géante monta à l'assaut du barrage qui se fissura mais résista. De nouvelles sources chaudes et des geysers émergèrent dans le parc du Yellowstone voisin. Au cours des mois suivants, un nouveau lac, baptisé le lac Earthquake, se forma derrière les éboulements qui avaient bloqué la vallée.

Le lac Sarez, au Tadjikistan
En 1911, au Tadjikistan, en Asie centrale, un puissant séisme, accompagné d'un glissement de terrain, engendra le plus grand barrage du monde, naturel et artificiel. Un lac de 61 km de long et de 500 m de profondeur se forma.

Une montagne en mouvement
Bien que puissant, ce tremblement de terre frappa une région peu peuplée, d'où le nombre réduit de victimes. Malheureusement, 28 campeurs malchanceux perdirent la vie lorsqu'un pan entier de la montagne balaya le camping de Rock Creek.

10 9 8 7 6 5 ÉCHELLE DE RICHTER

2 Un pan entier de montagne, sur le flanc du Madison Canyon, se détacha. Une gigantesque avalanche de roches dégringola dans la rivière en contrebas. En même temps, une puissante houle, générée par le sol qui s'inclina soudainement sous le lac Hebgen, se fracassa contre le barrage de béton.

3 Les éboulis s'entassèrent au fond du canyon, barrant la rivière Madison. Un nouveau lac se forma. Plus tard, les ingénieurs déplacèrent une partie des éboulis afin d'aménager un déversoir pour faire baisser le niveau du lac et réduire ainsi les risques de voir le barrage céder.

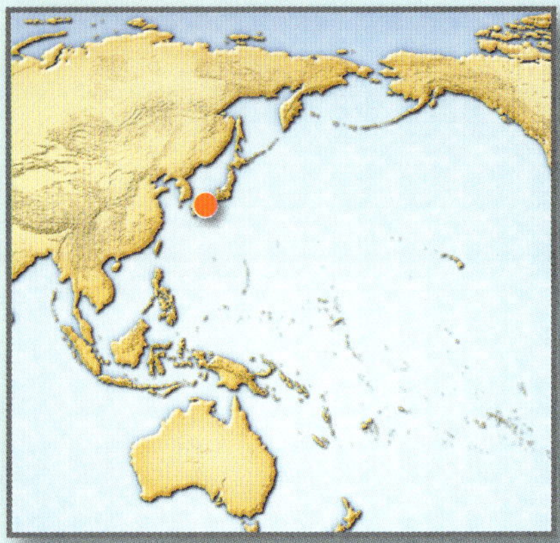

KOBE, JAPON

Date : 17 janvier 1995
Durée : 20 secondes
Magnitude sur l'échelle de Richter : 6,9 – 7,3
Intensité sur l'échelle de Mercalli : X – XII (désastreux – catastrophique)
Nombre de victimes : 6 434

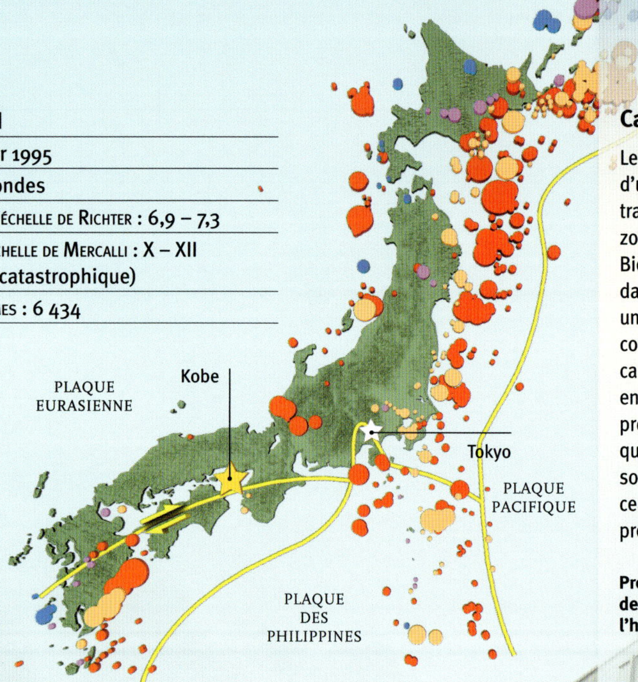

Carte sismique du Japon

Le tremblement de terre de Kobe est le résultat d'une rupture qui se produisit dans une faille transformante au nord-ouest de la principale zone sismique ceinturant la côte est du Japon. Bien que, dans l'absolu, tout le Japon se trouve dans une zone sismique, Kobe, située dans une région de moindre activité, était considérée à l'abri des séismes majeurs. Cette carte indique les tremblements de terre enregistrés de 1961 à 1994. Les cercles sont proportionnels à l'intensité des séismes. Ceux qui se produisent près de la surface sont souvent plus intenses et plus destructeurs que ceux dont l'hypocentre se trouve en profondeur.

Profondeur de l'hypocentre
- 0 – 50 km
- 50 – 100 km
- 100 – 150 km
- 150 – 200 km

Kobe

Le matin du 17 janvier 1995, les habitants de Kobe, au Japon, furent réveillés par une terrible secousse qui anéantit une grande partie de leur ville. Le séisme frappa près de l'île d'Awaji, où le sol se souleva de 3 m dans la zone de rupture de la faille. Les ondulations sismiques parcoururent la croûte jusqu'à Kobe, à 20 km de distance, et furent la cause d'un des plus grands désastres naturels de l'Histoire moderne. Les dommages furent d'autant plus étendus que l'épicentre se trouvait près d'une grande ville très peuplée. Pire encore, Kobe était classée en zone sismique de risque modéré et les normes parasismiques étaient moins strictes que dans d'autres villes japonaises.

Namazu et Kashima
Dans la mythologie japonaise, Namazu, un poisson-chat vivant sous terre, est responsable des séismes. Le dieu Kashima maintient Namazu au sol, mais s'il relâche son attention, Namazu bat de la queue, ce qui fait vibrer le sol.

1 **Pilier intact** Dans ce pilier renforcé, l'acier et le béton allient leurs qualités. Le béton supporte l'énorme masse de l'autoroute tandis que les tiges d'acier le maintiennent et canalisent les forces verticalement dans toute la hauteur du pilier.

2 **Séisme** Lorsque des forces horizontales sont appliquées, les piliers montrent les limites de leur résistance. La secousse ouvre de petites fissures et le lien entre le béton et l'acier s'affaiblit.

L'effondrement de l'autoroute

L'autoroute suspendue de Hanshin fut frappée de plein fouet par le séisme. La moitié des piliers en béton fut endommagée et dix travées s'effondrèrent totalement.

Une cité en ruine
Des usines, des bureaux, des écoles et d'innombrables habitations furent détruits. Plus de six mille habitants trouvèrent la mort et quelque trois cent mille personnes, soit le tiers de la population de la ville, se retrouvèrent sans abri.

3 Point de rupture Le béton s'effrite de plus en plus, dénudant les barres d'acier qui doivent alors soutenir tout le poids du pont ; elles finissent par se tordre et toute la structure s'effondre.

LE TSUNAMI DE L'OCÉAN INDIEN
DATE : 26 décembre 2004
DURÉE : 10 minutes
MAGNITUDE SUR L'ÉCHELLE DE RICHTER : 9,3
INTENSITÉ SUR L'ÉCHELLE DE MERCALLI : XI (effroyable)
NOMBRE DE VICTIMES : plus de 225 000

La Terre ébranlée

L'ampleur du désastre fut inimaginable. Des gens perdirent la vie sur les côtes de 14 nations, et des citoyens de 55 pays furent tués. Les vagues géantes se propagèrent pendant des heures à travers l'océan. Les lignes et les numéros indiquent les distances parcourues par les ondes du tsunami dans les heures qui suivirent le séisme.

Le tsunami

de l'océan Indien

La Terre entière résonna comme une cloche lorsque le deuxième séisme le plus violent jamais enregistré dans le monde se déclencha, en décembre 2004. En effet, le monstrueux tremblement de terre sous-marin de Sumatra-Andaman, engendré par le glissement brutal de la plaque indienne sous la plaque asiatique, dura 10 minutes – le plus long connu à ce jour – et fractura le plancher océanique sur presque 1 600 kilomètres. Il provoqua une série de vagues géantes qui dévastèrent les côtes sur tout le pourtour de l'océan Indien et tuèrent des milliers de personnes dans le Sud-Est asiatique. Si, à l'époque, un réseau international de surveillance avait été opérationnel, nombre de vies auraient pu être sauvées. Un tel système est désormais en cours d'installation dans l'océan Indien.

Kerala, Inde *En raison du phénomène de diffraction, les vagues d'un tsunami peuvent contourner une masse de terre ou une île et changer de direction. Ainsi, des centaines de personnes périrent sur la côte ouest (opposée au sens initial de la vague) de l'Inde.*

Port Elizabeth, Afrique du Sud *La victime la plus éloignée du tsunami se noya à Port Elizabeth, à quelque 8 000 km de l'épicentre.*

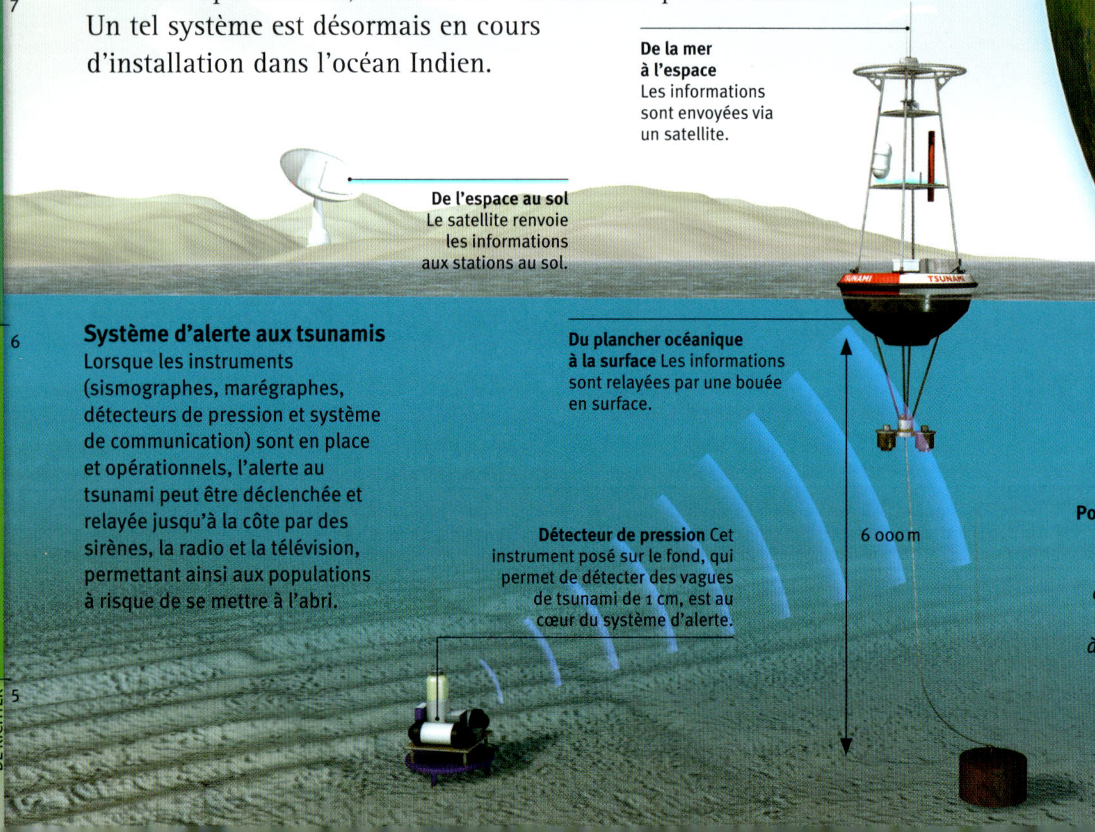

De la mer à l'espace Les informations sont envoyées via un satellite.

De l'espace au sol Le satellite renvoie les informations aux stations au sol.

Du plancher océanique à la surface Les informations sont relayées par une bouée en surface.

Détecteur de pression Cet instrument posé sur le fond, qui permet de détecter des vagues de tsunami de 1 cm, est au cœur du système d'alerte.

Système d'alerte aux tsunamis
Lorsque les instruments (sismographes, marégraphes, détecteurs de pression et système de communication) sont en place et opérationnels, l'alerte au tsunami peut être déclenchée et relayée jusqu'à la côte par des sirènes, la radio et la télévision, permettant ainsi aux populations à risque de se mettre à l'abri.

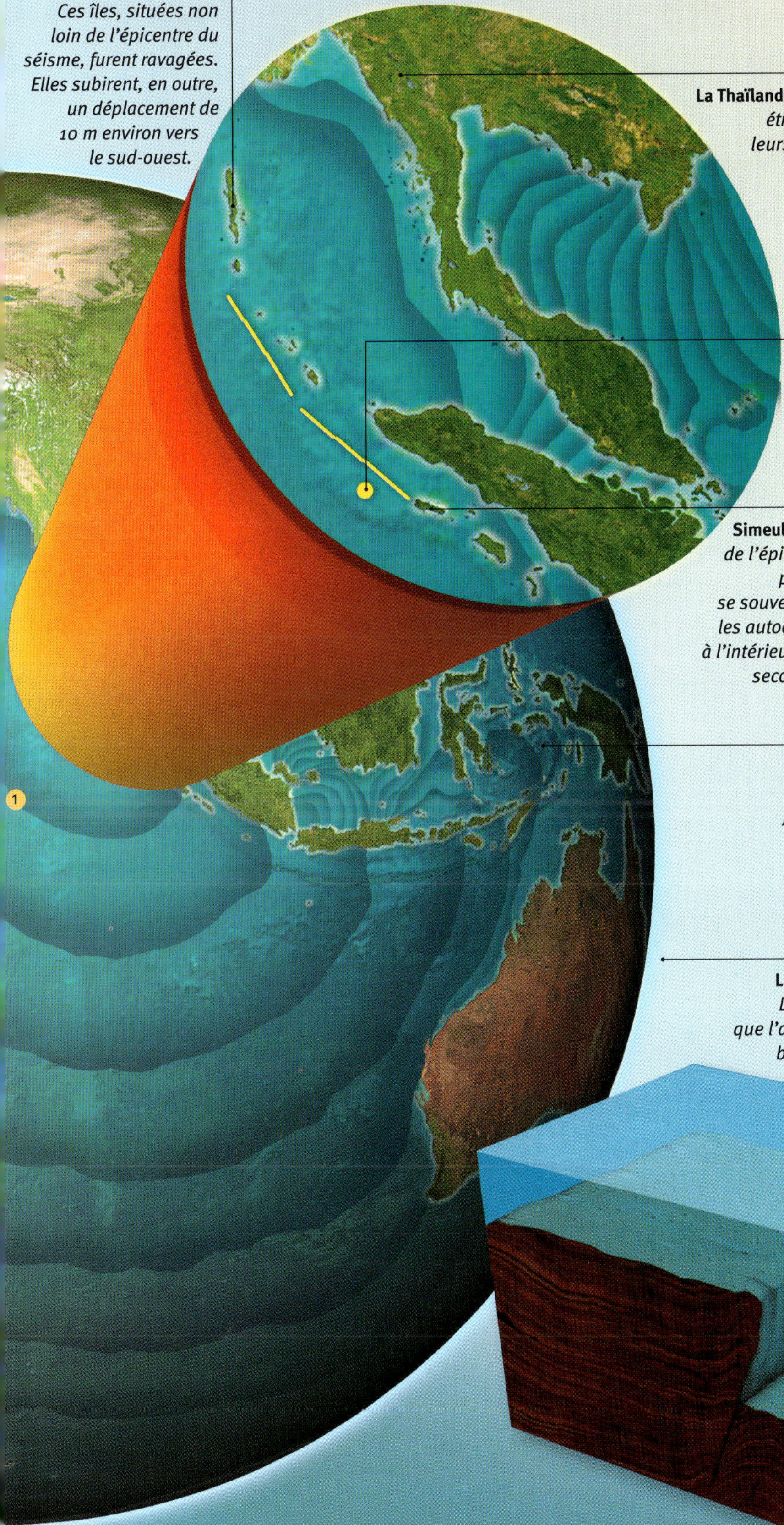

Andaman et Nicobar *Ces îles, situées non loin de l'épicentre du séisme, furent ravagées. Elles subirent, en outre, un déplacement de 10 m environ vers le sud-ouest.*

La Thaïlande *Plus de 2 000 touristes étrangers périrent pendant leurs vacances en Thaïlande. Miraculeusement, sur une plage, les gens survécurent grâce à une fillette de 10 ans qui reconnut les signes avant-coureurs et les avertit du danger.*

Épicentre *L'épicentre du séisme était localisé dans la zone de subduction de la plaque indienne sous la plaque asiatique.*

Simeulue *Sur l'île la plus proche de l'épicentre, les victimes furent peu nombreuses. En effet, se souvenant du tsunami de 1907, les autochtones s'étaient réfugiés à l'intérieur des terres à la première secousse. L'île fut néanmoins poussée de 1,50 m.*

Le Pacifique *L'énergie du tsunami se propagea jusque dans le Pacifique. Des vagues de moindre amplitude frappèrent les côtes de l'Amérique du Nord et du Sud.*

L'axe de rotation de la Terre *Les scientifiques estiment que l'axe de rotation de la Terre bascula de 2,5 cm à cause du séisme.*

Banda Aceh après le passage des vagues
Banda Aceh, située sur la pointe ouest de Sumatra, en Indonésie, était la ville la plus proche de l'épicentre du séisme. Les vagues balayèrent la quasi-totalité des constructions de la ville. Dix mille personnes trouvèrent la mort.

Échoués sur le rivage
La puissance phénoménale des vagues emporta les bateaux de cette flotte de pêche comme des fétus de paille jusqu'à 3 kilomètres à l'intérieur des terres.

Le soulèvement du plancher océanique
Le tsunami fut engendré par une rupture du plancher océanique sur des centaines de kilomètres. L'un des côtés de la faille fut soulevé de 5 m en moyenne ; à certains endroits, le soulèvement atteignit 20 m.

Planètes vivantes

TOUR DU MONDE DES VOLCANS

Carte des volcans
Notre planète compte environ 1 500 volcans actifs et une kyrielle d'autres endormis ou éteints. Les plus connus d'entre eux sont indiqués sur ce planisphère.

Légende

- ▲ = Volcan actif
- ▲ = Volcan endormi
- ▲ = Volcan éteint
- ▲ = Hauteur
- ✸ = Dernière éruption

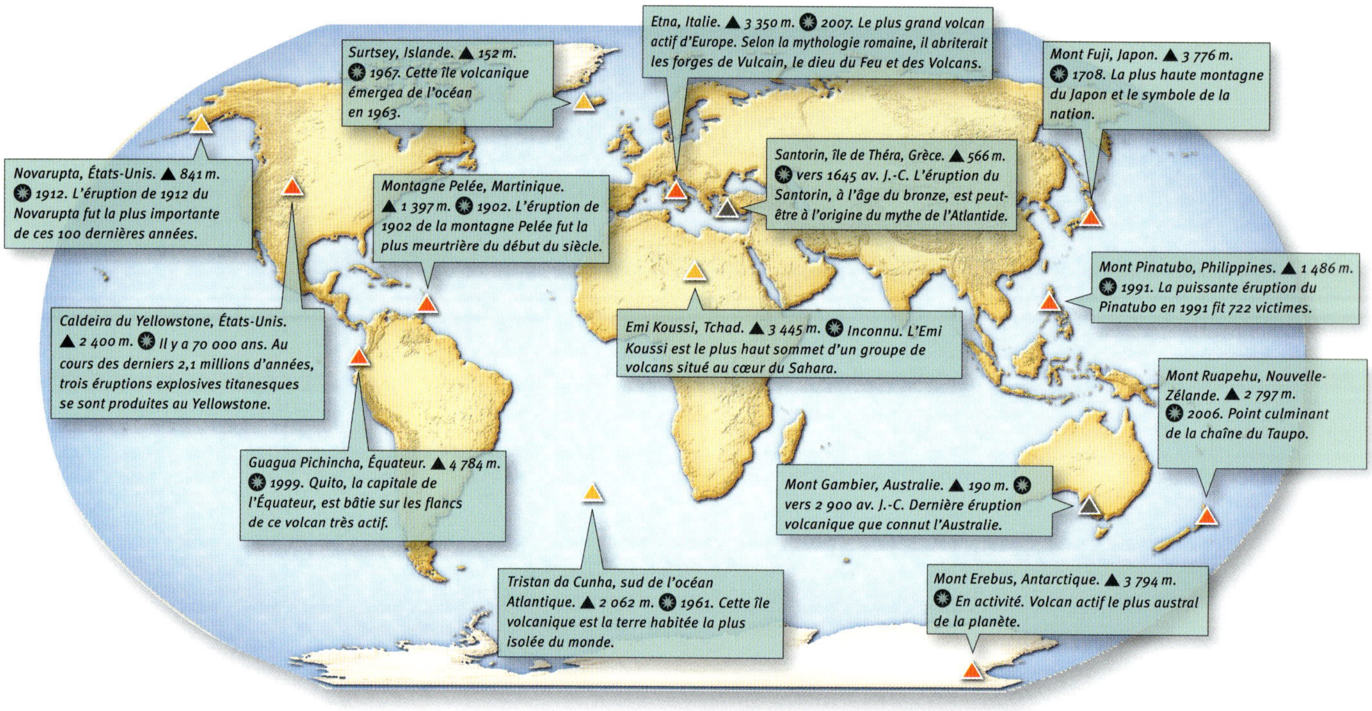

RISQUE SISMIQUE DANS LE MONDE

Carte des séismes
Les tremblements de terre ne se produisent pas partout dans le monde, mais dans des régions bien particulières. On peut passer toute sa vie dans un endroit sans jamais ressentir aucune secousse, alors qu'ailleurs elles se produisent régulièrement et que le déclenchement d'un séisme majeur représente une menace permanente.

Risque sismique

- = Faible
- = Moyen
- = Élevé
- = Très élevé

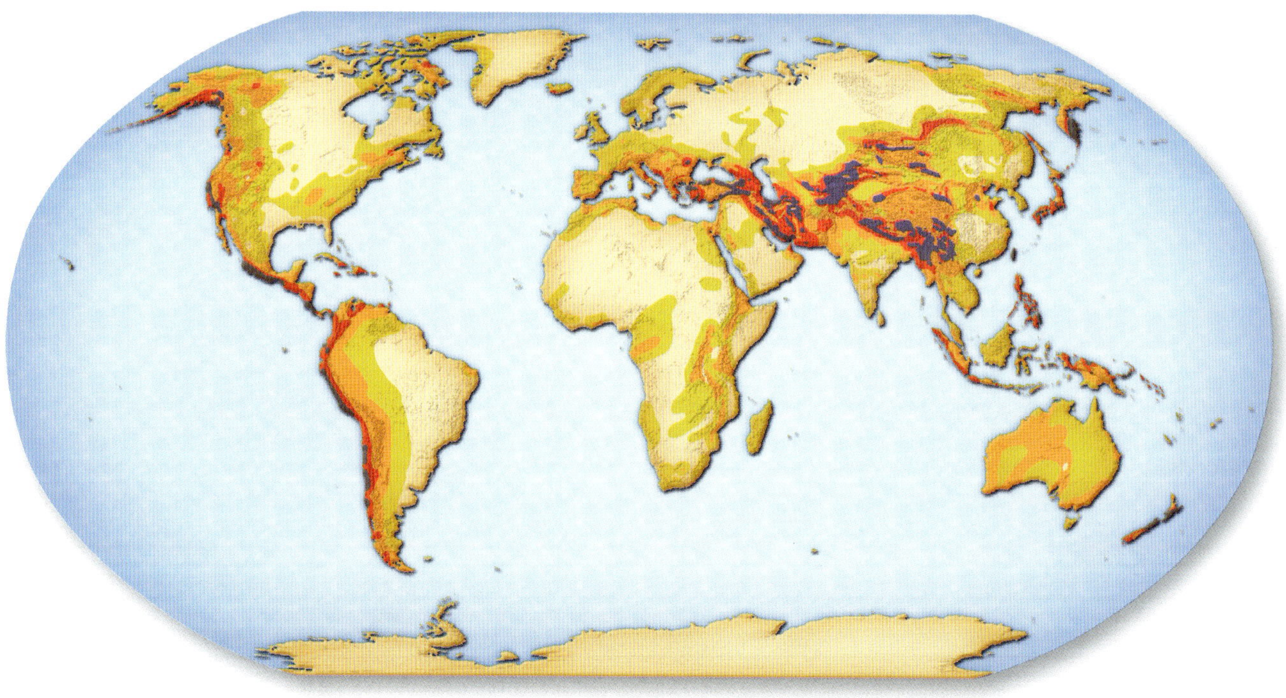

LES THÉORIES DES TREMBLEMENTS DE TERRE

Des idées changeantes

Depuis la nuit des temps, les hommes perçoivent les mouvements du sol et cherchent désespérément à expliquer ce phénomène effrayant. Ce n'est que récemment que les scientifiques ont compris ce qui se passe sous nos pieds.

Représentation du cosmos hindou

Religions et mythes
Durant des siècles, les explications des séismes furent liées à la religion et à la mythologie. Ainsi, selon la mythologie hindoue, la Terre est transportée sur le dos d'un éléphant qui se tient sur une tortue, laquelle est en équilibre sur un cobra. Dès que l'un de ces animaux bouge, la Terre tremble et vibre.

Dans la Grèce antique
Les philosophes ont été les premiers à pressentir l'origine naturelle des séismes. Ils spéculaient qu'à l'intérieur de la Terre se trouvaient d'immenses cavernes dans lesquelles soufflaient des vents violents. Le sol tremblait quand les vents soufflaient en direction des voûtes des grottes ou se frayaient un chemin jusqu'en surface.

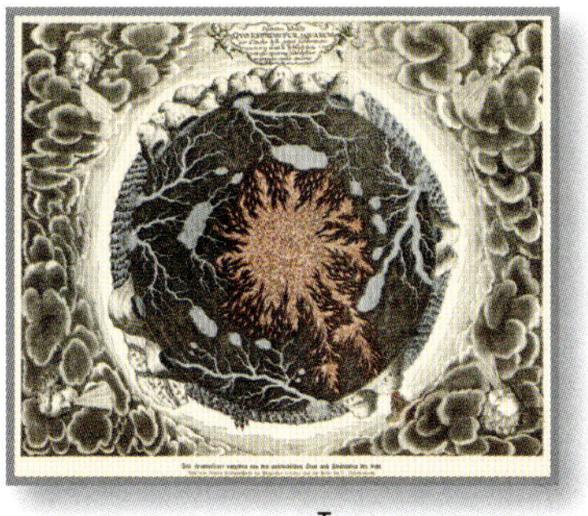

Terre vue en coupe. Illustration datant de 1665.

La Renaissance en Europe
L'italien Léonard de Vinci émit la théorie selon laquelle la Terre était composée de matériaux solides et d'eau et qu'une perturbation de l'équilibre provoquerait des mouvements soudains. Vers 1660, le philosophe français René Descartes suggéra que la Terre était autrefois aussi chaude que le Soleil et qu'elle continuait à se refroidir et à rétrécir. Ces contractions expliqueraient la création des montagnes et engendreraient les séismes.

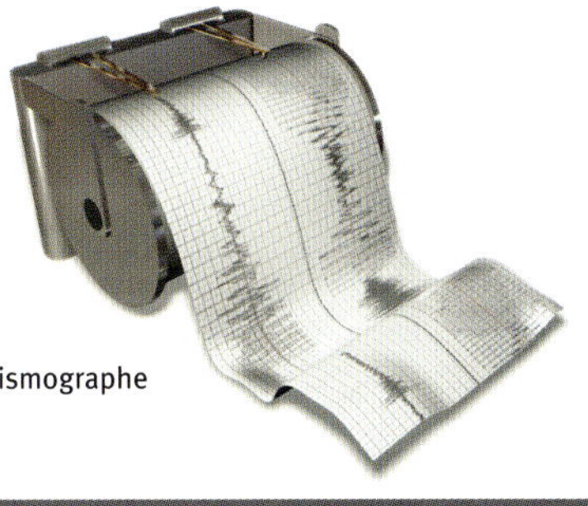

Sismographe

Les temps modernes
Les bases de la théorie de la dérive des continents, aujourd'hui appelée la tectonique des plaques, furent jetées en 1915 par le scientifique allemand Alfred Wegener. Celui-ci suggéra que tous les continents, autrefois joints, ont dérivé au cours du temps jusqu'à leur position actuelle. C'est pourquoi leurs contours semblent se correspondre à la façon d'un puzzle. Wegener ne comprenait pas comment les continents se déplacent, mais des recherches menées dans les années 1950 et 1960 révélèrent l'existence des plaques tectoniques et l'expansion des fonds marins. Cette théorie explique d'une manière convaincante les séismes et autres phénomènes géologiques.

LE TSUNAMI DE L'OCÉAN INDIEN

Nombre de morts ou de disparus par pays

Échelle : 1–10 ; 11–100 ; 101–1,000 ; 1,001–10,000 ; 10,001–100,000 ; 100,001–200,000

* Indonésie	167 540
* Sri Lanka	35 322
* Inde	16 269
* Thaïlande	5 996
Allemagne	552
Suède	543
* Somalie	289
Finlande	178
Royaume-Uni	149
Suisse	111
* Maldives	108
France	95
Norvège	84
* Malaisie	75
Autriche	74
* Myanmar	61
Japon	44
Italie	40
Hong Kong	40
Pays-Bas	36
États-Unis	31
Australie	26
* Afrique du Sud	23
Corée du Sud	20
Canada	20
* Tanzanie	13
Belgique	11
Chine	10
* Seychelles	2
* Bangladesh	2
* Kenya	1

* = pays directement touchés par le tsunami. (À noter que 21 victimes sud-africaines périrent en Thaïlande.)

LES VOLCANS EXTRATERRESTRES

Des sculpteurs de planètes

Les volcans ne sont pas l'apanage de la Terre. En fait, si l'on se réfère à notre propre système solaire, le volcanisme semble être un phénomène très courant dans l'univers. Les volcans ont joué un grand rôle en modelant la surface des quatre planètes rocheuses de notre système (Mercure, Vénus, la Terre et Mars), ainsi que celle des lunes des planètes géantes gazeuses.

La Lune
Il y a des milliards d'années, la Lune présentait une activité volcanique. Les zones sombres de sa surface sont des lacs de lave solidifiée.

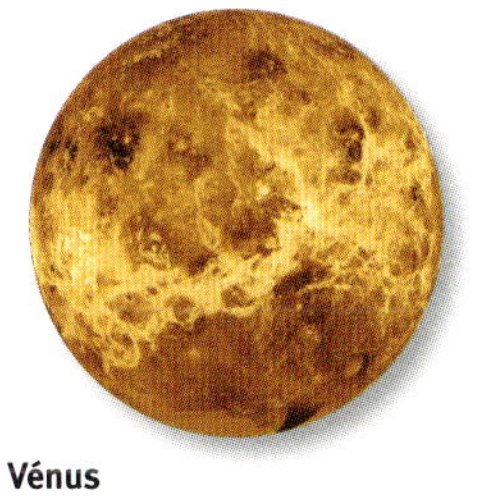

Vénus
Vénus abrite des milliers de volcans. Ils sont responsables de son épaisse atmosphère, bien que les scientifiques ne sachent pas avec certitude si certains sont encore actifs.

Mars
Mars fait la moitié de la surface de la Terre, mais elle peut s'enorgueillir de posséder des volcans plus élevés que les plus hauts sommets terrestres. Cependant, ils semblent tous éteints.

Io
Cette lune de Jupiter est le corps céleste au volcanisme le plus actif du système solaire. Ses volcans crachent à sa surface des composés de soufre gazeux et liquéfiés.

Triton
Les volcans ne sont pas toujours chauds. En 1989, la sonde spatiale Voyager 2 découvrit d'énormes geysers sur cette lune de Neptune, qui éjectent de l'azote liquide extrêmement froid.

Des geysers dans les environs de Neptune

Cette illustration montre les jets d'azote liquide à la surface de Triton, une lune de Neptune. Ils s'élèvent à 8 km de haut avant de retomber en pluies gelées.

Glossaire

aa (a'a) Coulée de lave rugueuse et crevassée. Onomatopée dérivant de l'hawaiien et correspondant au cri (ah ! ah !) que pousserait une personne marchant sur ce type de lave.

activité hydrothermale Tous les processus impliquant les mouvements de l'eau et la dissolution de substances chimiques en interaction avec des roches chaudes.

aérosol Fines particules solides ou liquides en suspension dans l'air.

arc insulaire Chaîne d'îles volcaniques en forme d'arc de cercle qui s'est formée au-dessus d'une zone de subduction.

asthénosphère Couche la plus visqueuse du manteau supérieur sur laquelle repose la lithosphère.

bombe volcanique Fragment de lave plus ou moins fluide éjecté par un volcan et qui se solidifie dans l'atmosphère.

caldeira Grand cratère volcanique résultant de l'effondrement du dôme dans la chambre magmatique ou d'une éruption explosive.

cendres Particules d'une taille inférieure à 2 mm émises par un volcan.

chambre (ou réservoir) magmatique Cavité de la roche où le magma venu des profondeurs s'est accumulé et peut remonter à la surface par une cheminée de volcan.

champ de basalte Coulée de lave basaltique qui s'étend sur une vaste surface. Des coulées répétées forment un plateau basaltique.

conduit Large passage à l'intérieur d'un volcan par lequel le magma remonte de la chambre vers un évent ou un cratère.

continent L'une des sept principales étendues de terre émergée limitées par des océans : Afrique, Antarctique, Asie, Australie, Europe, Amérique du Nord, Amérique du Sud. Les continents incluent les plateaux continentaux (parties peu profonde des océans entourant les continents).

coulée de boue Flot de cendres, de boue et d'eau déclenché par une éruption volcanique ou un tremblement de terre.

coulée pyroclastique Mélange de gaz, de cendres, de fragments de roches et de lave qui dévale les flancs d'un volcan à grande vitesse. Il résulte de l'effondrement d'une colonne éruptive ou d'un dôme de lave.

courant de convection Mouvement de transfert de la chaleur dans un gaz ou un liquide, dû à une différence de température, comme cela se produit dans les zones du manteau terrestre où les roches sont en fusion.

coussin de lave (ou lave en coussin) Lave qui forme des monticules arrondis en se refroidissant rapidement lors d'une éruption sous-marine ou d'une coulée qui entre en contact avec de l'eau.

cratère Dépression circulaire creusée par une éruption volcanique (cratère volcanique) ou par l'impact d'une météorite (cratère d'impact).

croûte (ou écorce) Couche externe solide de la Terre dont l'épaisseur varie de 5 km sous les planchers océaniques les plus récents à 72 km sous les régions continentales les plus épaisses.

dôme de lave Monticule d'une lave épaisse et visqueuse qui croît autour d'un évent au sommet ou sur le flanc d'un volcan.

dyke Filon de lave refroidie mis au jour par l'érosion et formant une sorte de muraille constituée par la remontée du magma à travers une fissure.

éjecta Tous les objets, particules et fragments, rejetés par les volcans, qui ne sont pas de la lave.

énergie géothermique Énergie exploitable provenant de la chaleur interne de la Terre, dans la roche, l'eau ou sous forme de vapeur.

épicentre Point de la surface terrestre situé directement au-dessus du foyer réel d'un séisme.

éruption Émission brutale ou jaillissement en surface et dans l'atmosphère de laves, de cendres, de débris rocheux ou de gaz en provenance de l'intérieur de la Terre.

évent (ou bouche éruptive) Ouverture à la surface d'un volcan à travers laquelle la lave et les gaz s'échappent.

faille Fracture dans les couches rocheuses de l'écorce terrestre.

faille de décrochement Faille dont les blocs ont un mouvement de cisaillement horizontal de part et d'autre du plan vertical.

faille inverse Faille entraînant un raccourcissement du terrain. L'un des compartiments (toit) monte par rapport à l'autre (mur).

faille normale Faille entraînant un étirement du terrain. Le compartiment au-dessus (toit) descend par rapport à celui au-dessous de la faille (mur).

faille transformante Faille entre deux masses rocheuses qui coulissent l'une contre l'autre.

fissure Fracture ou crevasse dans le sol. Dans les régions volcaniques, les fissures sont des suites d'évents qui peuvent engendrer un volcan fissural.

fumerolle Évent émettant des gaz volcaniques chauds ou de la vapeur.

fumeur noir Évent situé sur une dorsale océanique qui émet des eaux chaudes riches en minéraux.

géologue Scientifique qui étudie la structure et les phénomènes physiques et chimiques qui ont modelé la surface et l'intérieur de la Terre par le passé et de nos jours.

geyser Évent qui expulse périodiquement en surface un jet d'eau bouillante et de vapeur.

hypocentre Foyer souterrain réel d'un séisme où l'énergie emmagasinée dans les roches soumises à une contrainte est soudainement libérée sous forme d'ondes sismiques.

ignée Se dit d'une roche volcanique constituée à la suite du refroidissement de magma issu des profondeurs de la Terre.

lac de cratère Cratère rempli d'eau. Le lac peut être permanent ou saisonnier.

laccolite Intrusion de roche ignée dans une couche rocheuse de nature différente, qui se forme lorsque du magma se refroidit avant d'atteindre la surface.

lahar Coulée de boue chaude engendrée par une éruption volcanique.

lave Matière en fusion, plus ou moins liquide, qui arrive à la surface de la Terre. Tant qu'elle est à l'intérieur de la Terre, cette matière est appelée magma.

liquéfaction Transformation sous l'effet d'ondes sismiques d'un sol sédimentaire mou (ou riche en eau) en masse fluide, comme des sables mouvants.

lithosphère Couche externe solide de la Terre, constituée par la croûte (ou écorce) et la couche la plus externe du manteau.

magma Roche en fusion présente à l'intérieur de la Terre. Le magma peut se solidifier dans la croûte ou remonter en surface sous forme de lave.

magnitude Puissance d'un tremblement de terre évaluée d'après la quantité d'énergie libérée. Les sismologues évaluent la magnitude à l'aide de l'échelle de Richter. C'est une échelle ouverte qui va de zéro à neuf et davantage. Le plus puissant séisme jamais enregistré atteignit 9,5.

manteau Couche intermédiaire entre le noyau et la croûte terrestre. Il se divise en deux parties : le manteau inférieur et le manteau supérieur, le plus visqueux, dont la couche la plus externe constitue la couche interne solide de la lithosphère.

marge continentale Zone sous-marine située en bordure des continents, comprenant le plateau continental, une zone de terre immergée peu profonde et le talus continental. La marge est active quand elle correspond à une zone de subduction entre une plaque continentale et une plaque océanique.

marge convergente Zone d'affrontement entre deux plaques tectoniques en collision.

marge divergente Zone où se forme un nouveau plancher océanique et qui correspond à l'éloignement de deux plaques tectoniques.

minéral Corps solide naturel de la croûte terrestre constitué de matière inorganique dont les atomes sont rangés dans un certain ordre.

neck Magma solidifié dans une ancienne cheminée volcanique qui, dégagé par l'érosion, présente la forme d'un piton.

noyau Centre de la Terre. Il est composé de deux parties : le noyau externe, en fusion, et le noyau interne, ou graine, solide.

ondes de surface Ondes sismiques qui se propagent en surface. Ces ondes arrivent après les ondes primaires et secondaires et provoquent un ébranlement vertical ou horizontal. Les ondes de surface sont les ondes de Love et de Rayleigh.

ondes de volume Ondes qui voyagent à l'intérieur de la Terre. Elles comprennent les ondes P (primaires) et les ondes S (secondaires).

ondes primaires (ou de compression) Aussi appelées ondes P, elles sont les premières ressenties lors d'un séisme. Elles provoquent la compression et l'expansion des roches qu'elles traversent.

ondes secondaires (ou de cisaillement) Aussi appelées ondes S. Elles ébranlent les roches perpendiculairement au sens de leur propagation et arrivent après les ondes P.

pahoehoe Coulée de lave lisse et fluide, par opposition à une coulée de type « aa ».

panache Énorme colonne de cendres qui s'élève d'un volcan en activité, ou remontée verticale de magma incandescent des profondeurs du manteau terrestre.

pierre ponce Roche volcanique vitreuse, de couleur claire, percée d'une multitude de petits trous. Elle est si légère qu'elle flotte sur l'eau.

plaque tectonique (ou lithosphérique) Gros morceaux de la lithosphère terrestre qui se déplacent sur l'asthénosphère.

point chaud Remontée fixe de magma provenant d'une zone du manteau toujours en fusion et qui perce la croûte continentale ou océanique et engendre un volcan en surface.

réplique Secousse de magnitude moindre qui se produit après la secousse principale d'un séisme. Les répliques peuvent être plus ou moins nombreuses.

ride médio-océanique ou dorsale océanique Zone de divergence entre deux plaques tectoniques permettant la remontée du magma et la formation d'un relief volcanique.

rift Large vallée qui se forme le long d'une faille normale lorsque deux plaques s'écartent l'une de l'autre et que la partie centrale s'effondre.

scories Matières volcaniques projetées et solidifiées constituées de fragments d'une dizaine de centimètres et de faible densité.

sismique Relatif aux tremblements de terre, ou séismes.

sismologie Science qui étudie les secousses sismiques naturelles ou artificielles.

sismologue Scientifique qui étudie les ondes sismiques produites par les tremblements de terre afin de comprendre où et comment elles apparaissent, ou d'étudier les structures de la croûte et de l'intérieur de la Terre.

sismomètre Instrument qui détecte, amplifie et enregistre les secousses.

souterrain Relatif aux objets ou aux phénomènes qui se déroulent sous terre.

subduction Phénomène d'enfoncement d'une plaque tectonique sous une autre.

tsunami Mot japonais signifiant « vague portuaire » et désignant les vagues produites par une éruption volcanique, un séisme sous-marin ou un glissement de terrain, qui atteignent une grande hauteur à l'approche du rivage en eau peu profonde et peuvent causer d'énormes ravages.

tunnel de lave Rivière de lave souterraine qui se forme lorsque l'extérieur d'une coulée se solidifie.

volcan Relief circulaire conique typique qui rejette, ou a rejeté, des roches en fusion, des gaz ou des cendres.

volcan actif Volcan qui éjecte des matières en fusion ou des gaz. Les éruptions peuvent se produire à intervalles de quelques semaines ou de plusieurs siècles.

volcan bouclier Volcan aplati, dont le diamètre est supérieur à la hauteur, formé par des coulées répétées de laves fluides.

volcan endormi Volcan qui n'est pas actif mais qui pourrait encore entrer en éruption.

volcan éteint Volcan qui n'a montré aucun signe d'activité depuis très longtemps et dont le magma est solidifié à l'intérieur.

Index

Crédits

L'éditeur tient à remercier Alexandra Cooper pour sa contribution et Puddingburn pour l'index.

ILLUSTRATIONS
Première de couverture Mark A. Garlick ; **quatrième de couverture** Peter Bull Art Studio, Moonrunner Design
GODD.com 4, 30–1, 38–9, 52–3, 56–7 ; **Peter Bull Art Studio** 1, 4, 5, 6–7, 10–11, 18–19, 20–1, 22–3, 24–5, 26–7, 28–9, 32–3, 36–7, 40–1, 42–3, 46–7, 48–9, 50–1, 54–5, 58–9, 60–1 ; **Mark A. Garlick** 3, 4, 5, 8–9, 12–13, 14–15, 16–17, 44–5, 58–9, 61 bg, bcd ; **Moonrunner Design** 34–5 ; **Steven Hobbs** 61 c ; **Steve Trevaskis** 61 hd

CARTES
Illustrations des cartes, Andrew Davies

PHOTOGRAPHIES
Légende : g=gauche, d=droite, h=haut, b=bas, c=centre

AA=The Art Archive ; AAP=Australian Associated Press ; APL=Australian Picture Library ; CBT=Corbis ; iS :iStock ; MEPL=Mary Evans Picture Library ; N_J=NASA/Jet Propulsion Laboratory ; N_L=NASA Landsat ; N_V=NASA/Visible Earth ; PL=photolibrary.com

10cg N_V ; **14**hd N_V ; **21**bd AAP ; **24** bg APL ; **27**hc, hg PL ; **33**bd CBT ; **40**bg N_L ; **44**bg AA ; **46**hd CBT ; **48**bg, hd CBT ; **49**hg, hcg, hcd, hd CBT ; **54**bg N_V ; **56**bg Gregory Smits ; **57**hd CBT ; **59**cd, hd CBT ; **61**bcg, bg, c N_J ; cg IS ; hc MEPL

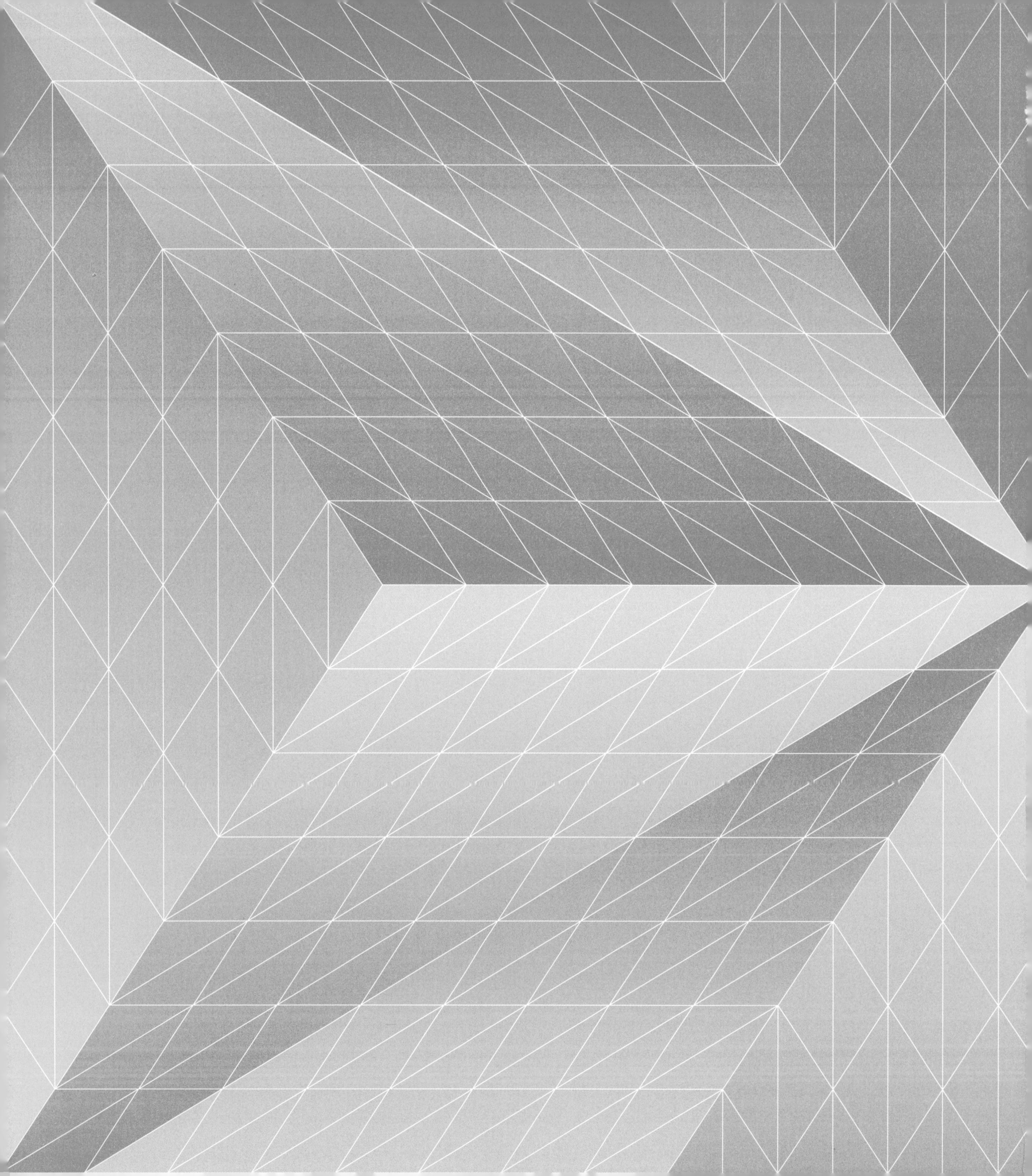